NIUBING

KUAISU ZHENZHI

SHICAO TUJIE

养殖致富攻略

牛病

快速诊治

实操图解

张庆茹　史书军　主编

中国农业出版社

北　京

图书在版编目（CIP）数据

牛病快速诊治实操图解/张庆茹，史书军主编 . —
北京：中国农业出版社，2019.1（2023.9 重印）
（养殖致富攻略）
ISBN 978-7-109-23588-5

Ⅰ.①牛… Ⅱ.①张…②史… Ⅲ.①牛病－诊治－
图解 Ⅳ.①S858.23-64

中国版本图书馆 CIP 数据核字（2017）第 289699 号

中国农业出版社出版
（北京市朝阳区麦子店街 18 号楼）
（邮政编码 100125）
责任编辑 张艳晶

北京中兴印刷有限公司印刷 新华书店北京发行所发行
2019 年 1 月第 1 版 2023 年 9 月北京第 7 次印刷

开本：720mm×960mm 1/16 印张：13.75
字数：210 千字
定价：40.00 元
（凡本版图书出现印刷、装订错误，请向出版社发行部调换）

本书有关用药的声明

随着兽医科学研究的发展、临床经验的积累及知识的不断更新，治疗方法及用药也必须或有必要做相应的调整。建议读者在使用每一种药物之前，参阅厂家提供的产品说明书以确认推荐的药物用量、用药方法、所需用药的时间及禁忌等，并遵守用药安全注意事项。执业兽医有责任根据经验和对患病动物的了解决定用药量及选择最佳治疗方案。出版社和作者对动物治疗中所发生的损失和损害，不承担任何责任。

编写委员会

主　编　张庆茹　史书军

副主编　张洪德　韩春杨

编　者　（按姓名笔画排序）

史书军（河北农业大学）

苏建青（山东聊城大学）

李清艳（河北农业大学）

张庆茹（河北农业大学）

张洪德（河北农业大学）

符振英（河北农业大学）

韩春杨（安徽农业大学）

前 言

随着我国经济的快速发展和城乡居民收入水平的不断提高，城乡居民的膳食结构也不断改善，牛奶、牛肉的消费不断增加，进而推动了我国养牛业的快速发展，牛只存栏量、牛肉、牛奶总产量也居于世界前列。伴随着养牛业的快速发展，营养代谢病、乳房炎、繁殖障碍疾病、传染性疾病等各种牛病对牛业生产的影响也日益严重，为更好地指导广大养牛专业户及基层兽医科学防治牛病，结合当前养牛业的疾病防治现状，特组织具有丰富临床经验的专家共同编写《牛病快速诊治实操图解》一书。

本书包括牛病基础知识、牛场管理与疾病防控、牛场常用药物、牛病诊疗技术、牛常见传染病的防治、牛常见寄生虫病的防治、牛常见内科病的防治、牛常见外科病的防治，以及牛常见产科病的防治九方面内容，较系统地介绍了牛病防治工作中实用的方法和技术，尤其体现了中西兽医结合防治牛病的方法特点。力求切合实际，避免高深的理论说教，且采用图示的形式展现，方便理解，符合牛病防治一线工作者的需要。

本书在编写过程中得到了河北农业大学中兽医学院院长钟秀会教授的大力支持，在此深表感谢。

由于编写时间紧，编者水平有限，书中难免存在疏漏、不足，在此希望读者提出宝贵意见，以便今后加以修改。

编 者

目 录

前言

一、牛病基础知识 ……………………………………………… 1

    （一）牛病的分类 …………………………………………… 1

    （二）传染病的发生与流行 ………………………………… 2

    （三）发生传染病后的应急处理措施 ……………………… 3

二、牛场管理与疾病防控 …………………………………… 6

    （一）牛场选址与布局 ……………………………………… 6

    （二）牛场饲养管理基本原则 ……………………………… 8

    （三）牛场防疫基本原则 …………………………………… 10

    （四）牛场消毒 ……………………………………………… 12

    （五）牛群免疫与驱虫 ……………………………………… 17

三、牛场常用药物 …………………………………………… 22

    （一）牛场常用消毒药物 …………………………………… 22

    （二）牛场常用抗菌药物 …………………………………… 25

    （三）牛场常用抗寄生虫药 ………………………………… 28

    （四）牛场其他常用药物 …………………………………… 29

四、牛病诊疗技术 …………………………………………… 31

    （一）牛的保定 ……………………………………………… 31

    （二）基本诊断方法 ………………………………………… 37

    （三）治疗方法 ……………………………………………… 64

五、牛常见传染病的防治 ························· 75

(一) 口蹄疫 ····················· 75

(二) 牛流行热 ··················· 78

(三) 牛病毒性腹泻 ··············· 81

(四) 牛传染性鼻气管炎 ··········· 83

(五) 牛布鲁氏菌病 ··············· 85

(六) 牛结核病 ··················· 88

(七) 犊牛大肠杆菌病 ············· 92

六、牛常见寄生虫病的防治 ····················· 95

(一) 牛焦虫病 ··················· 95

(二) 牛附红细胞体病 ············· 99

(三) 牛球虫病 ··················· 101

(四) 牛绦虫病 ··················· 105

(五) 牛螨病 ····················· 109

七、牛常见内科病的防治 ······················· 113

(一) 感冒 ······················· 113

(二) 肺炎 ······················· 114

(三) 口炎 ······················· 117

(四) 食管阻塞 ··················· 119

(五) 前胃弛缓 ··················· 123

(六) 瘤胃积食 ··················· 127

(七) 瘤胃臌气 ··················· 132

(八) 创伤性网胃炎 ··············· 136

(九) 瓣胃阻塞 ··················· 141

(十) 皱胃变位 ··················· 144

(十一) 胃肠炎 ··················· 153

(十二) 酮病 ····················· 156

(十三) 母牛卧倒不起综合征 ······· 159

（十四）有机磷中毒 ……………………………………… 161

（十五）中暑 …………………………………………………… 164

八、牛常见外科病的防治 …………………………………… 165

（一）创伤 …………………………………………………… 165

（二）脓肿 …………………………………………………… 171

（三）脐疝 …………………………………………………… 174

（四）风湿病 ………………………………………………… 176

（五）蹄叶炎 ………………………………………………… 179

（六）腐蹄病 ………………………………………………… 182

九、牛常见产科病的防治 …………………………………… 185

（一）发情异常 ……………………………………………… 185

（二）流产 …………………………………………………… 191

（三）胎衣不下 ……………………………………………… 193

（四）难产 …………………………………………………… 196

（五）生产瘫痪 ……………………………………………… 198

（六）子宫脱出 ……………………………………………… 200

（七）子宫内膜炎 …………………………………………… 202

（八）乳房炎 ………………………………………………… 203

参考文献 ……………………………………………………… 208

一、牛病基础知识

（一）牛病的分类

牛病的种类很多，一般分为传染病、寄生虫病和普通病三大类，牛病的分类及特点见图1-1。

传染病是指由病原微生物引起，具有一定的潜伏期和临诊症状，并具有传染性的疾病。

寄生虫病是指由寄生虫侵袭牛的体内或体表而引起的一类疾病。

普通病主要是由于饲养管理不当而引起的一类疾病，如内科病、外科病、产科病、营养代谢性疾病和中毒性疾病等。

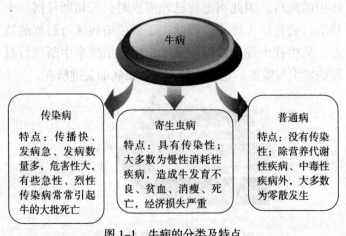

图1-1　牛病的分类及特点

（二）传染病的发生与流行

1.传染病的发生

传染病的发生必须具备以下条件（图1-2）。

（1）具有一定数量和毒力的病原微生物，没有病原微生物，传染病就不可能发生。

（2）具有对该传染病有易感性的动物，机体对某种传染病的抵抗力对该病的发生具有决定性作用。

图1-2　传染病发生的条件

（3）具有促进病原微生物侵入易感动物的外界环境条件。

2.传染病的流行

传染病的流行过程必须具备传染源、传播途径和易感畜群三个基本环节（图1-3），缺乏任何一个环节，新的传染病就不可能发生，也不可能造成传染病在动物群体中的流行。因此当流行已经形成时，若切断任何一个环节，流行即告终止。因此，了解传染病流行过程的特点，从中找出规律，以便采取相应的措施来中断流行过程的发生与发展，是预防和控制传染病的关键所在。

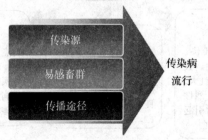

图1-3　传染病流行的基本环节

（1）传染源　是指某种传染病的病原体在其机体中寄居、生长、繁殖，并能排出体外的动物。包括患病动物和带菌（毒）动物①两种类型。

（2）传播途径　病原体由传染源排出后，经一定的方式再侵入其他易感动物所经的途径称为传播途径。分为水平传播和垂直传播两种方式（图1-4）。

①水平传播：指传染病在群体之间或个体之间横向传播，分为直接接触传播和间接接触传播两种。直接接触传播是指被感染的动物(传染源)与易感动物直接接触(交配、舐咬等)，不需要任何外界条件因素的参与而引起感染的传播方式。间接接触传播是指易感动物接触传播媒介②而发生感染的传播方式。

②垂直传播：指母体所患的疫病或所带的病原体，经卵、胎盘传播给子代的传播方式。

①带菌（毒）动物：是指外表无症状但携带并排出病原体的动物。

②传播媒介：将病原体传播给易感动物的中间载体。包括蚊、蝇、牛虻、蜱、鼠、鸟、人等生物（媒介者）和饲养工具、运输工具、饲料、饮水、畜舍、空气、土壤等无生命的物体（媒介物或称污染物）。

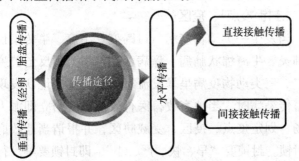

图1-4　传染病的传播途径

（3）易感畜群　动物对某种传染病容易感染的特性称为易感性。畜群中有一定比例的易感动物则称为易感畜群。一般畜群免疫水平达到 70%~80%，就不可能发生大规模的暴发流行。

（三）发生传染病后的应急处理措施

发生动物传染病后，应采取以下应急处理措施(图1-5)。

1.迅速报告疫情

任何单位和个人发现动物传染病或疑似动物传染病时，应立即向当地动物防疫机构报告，并就地隔离患病动物或疑似动物和采取相应的防治措施。并通知邻近单位做好预防。

2.尽快做出正确诊断和查清疫情来源

动物防疫机构接到疫情报告后，应立即派技术人员奔赴现场，认真进行流行病学调查、临床诊断、病理解剖检查，并根据需要采取病料，进一步进行实验室诊断和调查疫情来源，尽快做出正确诊断和查清疫源。

3.隔离和处理患病动物

确诊的患病动物和疑似感染动物应立即隔离，指派专人看管，禁止移动。并根据疫病种类、性质，采取扑杀、无害化处理或隔离治疗措施。

4.封锁疫点①、疫区②

当发生一类动物疫病（口蹄疫、牛瘟、牛传染性胸膜肺炎、牛海绵状脑病、痒病、蓝舌病、小反刍兽疫），或二、三类动物疫病呈暴发流行，或发生当地新发现的家畜传染病时，当地畜牧兽医行政部门应当立即派人到现场，划定疫点、疫区、受威胁区，并报请当地政府实行封锁。封锁要"早、快、严、小"，即封锁要早、行动要快、封锁要严、范围要小。同时，在封锁区边缘地区，设立明显警示标志，在出入疫区的交通路口设置动物检疫消毒站；在封锁期间，禁止染疫和疑似染疫动物、动物产品流出疫区；禁止非疫区的动物进入疫区；并根据扑灭传染病的需要对出入封锁区的人员、运输工具及有关物品采取消毒和其他限制性措施。对病畜和疑似病畜使用过的垫草、残余饲料、粪便、污染物及病死的动物尸体等采取集中焚烧或深埋等无害化处理措施。对染疫动物污染的场地、物品、用具、交通工具、圈舍等进行

①疫点：指患病动物所在的地点。规模化或集约化养殖场（小区）以病畜禽所的养殖场所（小区）为疫点；散养动物一般以病畜所在的相对独立的饲养场所为疫点。

②疫区：从疫点向外延伸一定范围的区域。其延伸范围因动物疫病的不同而异。

严格彻底消毒，并开展杀虫、灭鼠工作。在疫区，根据需要对易感动物及时进行预防接种。必要时暂停畜禽的集市交易和其他集散活动。在最后一头患病动物急宰、扑杀或痊愈并且不再排出病原体时，经过该病一个最长潜伏期，再无疫情发生时，经全面、彻底的终末消毒，再经动物防疫监督机构验收后，由原决定封锁机关宣布解除封锁。

5.受威胁区①要严密防范，防止疫病传入

对已有特异性免疫方法的传染病，应以其疫苗或血清对假定健康的或受威胁的家畜进行紧急预防接种，对个别传染病可用药物预防。管理好本区人、畜，禁止出入疫区，加强环境消毒，加强疫情监测，及时掌握疫情动态。

①受威胁区：指由疫区边缘向外延伸一定范围的区域。此区域是建立紧急免疫带或免疫屏障以防止疫病传播的重要区域。

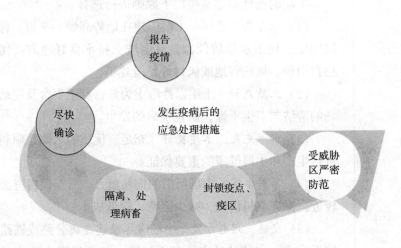

图1-5　发生传染病后的应急处理措施

二、牛场管理与疾病防控

（一）牛场选址与布局

1.牛场选址

牛场的场址需尽量按以下原则进行选择。

（1）地势高燥平坦　牛场应建在地势高燥、平坦、背风向阳、地下水位较低，具有缓坡、排水良好地方。切忌在山顶、坡底谷地或风口等地段建场。

（2）土质良好　土质以沙壤土为好，利于牛舍及运动场的清洁与卫生干燥，防止疾病的发生。

（3）水源充足、水质良好　充足、优质的水源是顺利进行生产和牛群健康的重要保证。

（4）草料丰富　牛场所需的饲料量大，应距饲料资源较近，保证草料供应，减少运费，降低成本。

（5）交通、用电方便　牛场应尽量建在离公路或铁路较近的交通方便的地方，便于运输。但要远离主要交通要道、村镇工厂 500 米以外，一般交通道路 200 米以外。

（6）便于防疫　牛场应距村庄居民点 500 米以上的下风处，远离其他畜禽养殖场，周围 1 500 米以内应无化工厂、畜产品加工厂、屠宰场、医院及兽医院等。

（7）符合国家和地方的有关规定　禁止在国家和地方法律规定的水源保护区、旅游区、自然保护区、自然环境污染严重的区域内建设牛场。

此外，牛场选址必须与农牧业发展规划、农田基本建设规划等规划结合起来，为未来牛场发展留出余地。

2.牛场布局

在选好场址的前提下，结合其地理位置进行牛场布局。养殖场内各种建筑物的配置要本着因地制宜和科学管理的原则，合理布局、统筹安排。应做到整齐、紧凑、节约基本建设投资、有利于整个生产过程和便于防疫。

较大规模牛场应划分生活区（文化娱乐室、职工宿舍、食堂等）、生产管理区（行政和技术办公室、接待室、饲料加工调配车间、饲料储存库、水电供应设施、车库、杂品库、消毒池、更衣消毒和洗澡间等）、生产区（各类牛舍和生产设施）、隔离区（兽医室和隔离牛舍、尸体剖检和处理设施、粪污处理及贮存设施等）。为便于防疫和安全生产，应根据当地全年主导风向与地势坡向，按顺序安排以上各区，即生活区→生产管理区→生产区→隔离区（图2-1）。

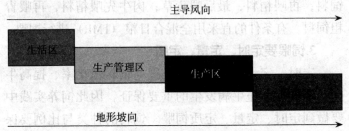

图2-1　牛场各区与地势、风向的关系

生产区要与其他区以围墙隔开，门口设消毒池、洗浴室、更衣室等。干草棚及草库应尽可能地设在下风向地段，与周围房舍至少保持50米远距离，单独建造，以达到防火安全。青贮窖或青贮池应位置适中,地势较高,防止粪尿等污水入浸污染,同时要考虑出料时运输方便,减小劳动强度。隔离区布置在生产区常年主导风向的下风向或侧风向及全场地势最低处,并保持一定的卫生间距(50~100米)。场区内道路硬化,裸露地面绿化,净道和污道分开,互不交叉。

(二)牛场饲养管理基本原则

科学的饲养管理是提高牛生产力、防止疾病发生的重要保证。牛场饲养管理一般应坚持以下原则(图2-2)。

1.合理调制饲料,科学配合日粮

应根据各类牛的营养需要和各类饲料中各营养物质的种类和数量来科学配合日粮,多种饲料合理搭配,确保牛的营养供应,且应根据饲料的性质,采取适宜的调制方法。饲料安排应全价营养,多样配合,适口性强,易消化,精、粗、青饲料搭配适当。奶牛以青饲料和精料为主,肉牛以精料为主。

2.科学的饲喂方法

奶牛一般为粗—精—粗顺序进行饲喂,如先喂青贮饲料,再喂精料,最后喂青草;肉牛先喂精料,再喂青粗饲料。有条件的宜采用全混合日粮(TMR)进行饲喂。

3.饲喂要定时、定量、定质

定时、定量、定质饲喂是提高饲料消化率、提高牛生产性能、防止牛病发生的重要保证,因此饲养实践中要做到定时、定量、定质饲喂。饲料的种类与比例要保持相对稳定,不可变动太大,不可突然换料。禁止饲喂发霉、变质、腐烂及冰冻的饲料。

4.保障充足、清洁的饮水

水是牛体重要的组成成分,对饲料的消化、吸收,对营养的运输、体温的调节和机体的新陈代谢，以及生产性能都起着重要的作用。因此，每天必须供给充足而清洁的饮水。

5.适当运动

运动可以增强牛的新陈代谢，促进食欲，增强体质，防止疾病发生，因此每天必须有适当运动，尤其是繁殖母牛、犊牛和育成牛，其他牛有条件可赶到较大的运动场自由运动或放牧运动。

6.合理分群饲养

不同年龄、不同生产阶段的牛营养需要和饲养管理要求都不相同，因此合理分群饲养可以满足牛的营养需要，提高饲料利用率，降低劳动强度。

7.适宜的环境温度、湿度、光照与通风

适宜的环境温度、湿度、光照与通风是防止疾病发生、提高生产性能的重要保证。夏天注意防暑降温，冬天注意防寒保暖。

8.刷拭牛体、保持清洁

牛的皮肤是保护牛体内部器官的屏障，它能调节体温，防御病菌和寄生虫的侵袭。每日刷拭牛体可以促进血液循环，保证牛的健康。

9.搞好圈舍卫生和消毒工作

搞好圈舍卫生和消毒工作是保证牛的健康、防止疾病发生的重要措施。牛舍、运动场等要及时、定期清理、消毒，保持卫生、干燥，饲槽、水桶等用具要定期清洗、消毒。

10.稳定的饲养管理制度

牛的饲养管理制度是牛场饲养管理工作的根本依据，一旦确定，不得随意更改和变动，饲养员必须认真遵守，严格执行。

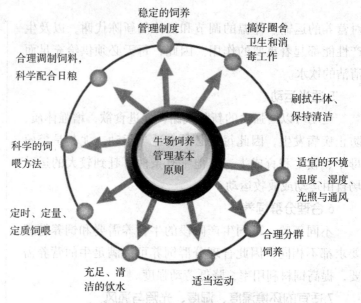

图 2-2　牛场饲养管理的基本原则

（三）牛场防疫基本原则

　　牛场疫病防治必须坚持预防为主、防治结合、养防结合的基本原则，采取加强饲养、免疫、检疫、消毒等综合措施，才能有效防止疫病发生，具体应重点做好以下工作（图 2-3）。

1.加强饲养管理

　　加强饲养管理是预防疾病发生的首要因素。平衡的营养、良好的饲料质量、舒适的环境、有规律的饲养管理制度是提高机体免疫力、防止疾病发生的根本措施。牛场应根据牛的不同生产、生长阶段，进行科学饲养管理，以保证牛的正常生长、生产和身体健康。同时，要搞好环境卫生，保持牛舍清洁卫生、通风良好，冬天能防寒保暖，夏天能防暑降温，这样既有利于牛的生产，又可减少疫病的发生。

图2-3　牛场疫病防治的重点工作

2.加强引进牛的管理和检疫

从外地引进牛时，必须从非疫区无疫病的牛场选购，在选购前应对牛作必要的检疫和诊断检查。购进后一般要隔离饲养1个月以上，经过观察无病后才能合群饲养。

3.严格执行消毒制度

消毒是消灭病原体、清除外界环境的传播因素、切断疫病传播途径的重要方法。平时要定期搞好牛场和牛舍环境卫生，并严格进行消毒，以减少疫病的发生。在消毒过程中，应根据不同的消毒对象选择不同的消毒药物、浓度和消毒方法，并定期更换消毒药物。

4.严格执行免疫程序，按时预防接种

预防接种是防制牛传染病发生的关键措施。通过预防接种，能使机体产生特异的抵抗力，减少和控制疫病的发生。要根据当地牛的疫病流行情况，制订科学的免疫程序，并按免疫程序进行预防接种，做到头头注射，个个免疫，使牛群保持较高的免疫水平。

5.定期驱虫

驱虫是预防和治疗寄生虫病、消灭病原寄生虫、减少或预防病原扩散、提高养牛经济效益的有效措施。选择驱虫药的原则是高效、低毒、广谱、低残留、价廉。

常用的驱虫药有伊维菌素、阿维菌素、左旋咪唑、丙硫苯咪唑等。驱虫时，要严格按照所选药物的说明书中规定的剂量、给药方法和注意事项等使用。

（四）牛场消毒

消毒是指为预防、控制和扑灭动物疫病，利用物理、化学和生物学等方法消除或杀灭疫病病原体。目的是切断传播途径，阻止疫病继续蔓延。消毒是贯彻"预防为主"方针的一项重要措施，是预防疫病发生和阻止疫病蔓延进而控制疫病流行的重要措施。

1.消毒的分类

消毒按使用时间和目的可分为预防性消毒、随时消毒、终末消毒三类。预防性消毒是指未发生传染病的牛场，为防止传染病的传入，对场地、用具、牛栏和饮水等进行的定期消毒。随时消毒又叫紧急消毒或临时消毒，它是指牛场已发生传染病时，为及时消灭由传染源排出的病原体而进行的消毒。终末消毒是指在病牛解除隔离、痊愈或死亡后，或者在疫区解除封锁之前，为了消灭疫区内可能残留的病原体所进行的全面彻底的消毒。

2.常用的消毒方法

常用的消毒方法有机械消毒法、物理消毒法、化学消毒法和生物学消毒法。

（1）机械消毒法 通过清扫、冲洗、通风等机械作用清除病原体的方法。机械消毒法往往不能彻底消灭病原微生物，但可以将病原微生物从舍内清除出去，是进行其他消毒方法的前提。

（2）物理消毒法 是利用物理因素作用于病原微生物将之杀灭或清除的消毒方法，常用的方法有煮沸、烘烤、干燥、阳光照射、紫外线照射及焚烧等。

（3）化学消毒法 能抑制或杀灭人和动物外环境中的病原微生物的生长繁殖，切断传播途径，控制疫病传播的化学制剂（品），简称化学消毒剂。利用化学消毒剂杀灭或抑制病原微生物的方法叫做化学消毒。常用的方法有浸泡、喷洒、喷雾、熏蒸、涂刷等方法。

（4）生物学消毒 主要采用生物热消毒法对粪便、污水、废弃物进行无害化处理。将病畜污染过或没有污染过的粪便、垫草、污物等堆积在一起进行发酵处理，利用粪便污物中微生物生命活动所产生的热量杀死非芽孢、病毒、寄生虫卵等，起到消毒作用。生物学消毒一般不能消灭芽孢，故不用于由产芽孢病菌(如炭疽、气肿疽等)污染的粪便消毒。

3.牛场门口车辆消毒方法

牛场大门口应建消毒池，消毒池的宽度应该与大门等宽或略宽，长度应为最大车轮周长的 1.5 倍，深度不得少于 10 厘米，其上应有遮蔽阳光和防止雨水落入的遮阳棚，四周应低于消毒池的外沿高度（图 2-4）。配置低压消毒器械，以利于对进场的生产车辆实施喷雾消毒，消毒范围为整个车体（包括车辆底盘、驾驶室地板）和车辆停留处及周围，药液用量以完全充分湿润为最低限度。

图 2-4 牛场门口消毒池

消毒池中消毒药品可选用 2%~3%的火碱溶液、1%菌毒敌、1%复合酚、1%农福等。冬季可在消毒池中加入适量的食盐，防止消毒液结冰影响消毒。消毒液每周更换 1 次，两种不同的消毒药品每月更换 1 种。冬季结冰后，人员和车辆必须出入时可采用过氧乙酸、农可福等喷雾消毒。

有条件的牛场应设车辆喷淋消毒设施，以便对车辆进行彻底消毒（图 2-5）。

如车辆装载过致病畜禽及其产品，或从有疫情地区返回时，应在距场区较远处对车辆内外（包括驾驶室）、车底盘进行彻底消毒后，方可进入场区内，但 7 日内不得进入生产区。

图 2-5　牛场门口喷淋消毒系统

4.人员消毒

所有人员（包括场内人员和外来人员）进入场内需经过消毒更衣室和消毒通道。人员洗手、消毒，有条件的应更换消毒衣、裤、鞋、帽，再经消毒通道进入场内。洗手消毒可选用 1∶300 碘酸溶液或 0.1%新洁尔灭溶液，消毒可采用紫外线灯消毒 15～20 分钟或戊二醛等体表汽化喷雾消毒。消毒通道每周喷雾消毒 1 次，可选用

1:300 菌毒灭、0.3%过氧乙酸或 3%来苏儿溶液。

5.牛舍及场区环境消毒

牛舍及场区环境应坚持经常清扫、除去杂物，每月消毒 1~2 次。牛舍消毒可选用 0.2%～0.3%过氧乙酸，每立方米空间用药 20～40 毫升，也可用 0.2%的次氯酸钠溶液、0.1%新洁尔灭溶液等消毒药物消毒。场区消毒可选用 2%～3%火碱、生石灰、3%来苏儿、0.5%强力消毒灵或 0.3%过氧乙酸溶液等消毒药物。封闭式牛舍宜每周消毒 1 次。发生疫情时宜每天消毒 1 次。

6.牛场消毒应注意的问题

见图 2-6。

（1）牛场应根据实际情况，制订详细的消毒计划，并严格执行。

（2）应选择对病原体消杀作用强、效期长、对人畜毒性小、不损伤物体和器械、易溶于水、价廉、广谱和使用方便的药品。选择消毒药品要考虑牛场的常见疫病种类、流行情况等选择病原体敏感的消毒药进行消毒。

（3）消毒液要从品牌信誉好的厂家购买，使用质量好的消毒剂才能保证消毒质量。不要贪图便宜，使用假冒伪劣产品，以免影响消毒效果，造成重大经济损失。

（4）在实施消毒之前，一定要将环境中的有机物消除干净，彻底打扫，然后再进行消毒。

（5）正确使用消毒药品，按其使用说明书的规定与要求配制消毒药液，药量与水量的比例要准确，不要随意加大或减小药物的浓度，否则会影响消毒效果，严重者还会引起不良后果。

（6）不要任意将两种不同种类的消毒药品混合使用或同时消毒同一种物品，因为两种不同的消毒药品混合使用时会因物理的或化学性的配伍禁忌而使消毒药物失效。如酸性制剂会与碱性制剂中和，漂白粉不能与硼酸、盐酸配伍，新洁尔灭不能与碘、碘化钾、过氧化物配伍。

（7）不要长时间使用一种消毒药物消毒同一种消毒对象，这样会造成病原菌产生耐药性，影响消毒效果。因此，消毒时一定要定期更换消毒药品，方能保证消毒效果。

（8）消毒时消毒药物要现用现配，尽可能在规定的时间内一次用完。如果配好的消毒药物放置时间过长不用，会使消毒药液的浓度降低或完全失效。

（9）消毒时操作人员要戴防护用具（如口罩、手套、眼镜、胶靴、工作服等），以免消毒药液刺激眼、鼻、口、手、皮肤及黏膜等。

（10）有条件的牛场，消毒后应采取样品进行消毒效果的检验，以便发现问题，加以改正，进一步提高消毒效果。

（11）严格保留完善的消毒记录，如入场消毒记录、空舍消毒记录、常规消毒记录等，并及时进行消毒效果评估。

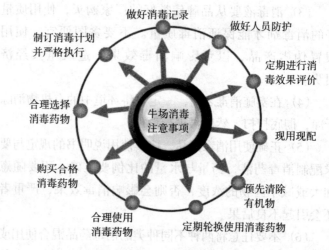

图 2-6　牛场消毒注意事项

(五) 牛群免疫与驱虫

1.牛群免疫的意义

传染病是危害养牛业发展最重要的因素之一, 牛场一旦大规模发生传染病, 特别是恶性传染病, 会给牛场带来巨大的经济损失, 甚至危害人类健康, 因此控制传染病的发生与流行是牛场防病工作的重点, 而有组织、有计划地进行免疫接种是预防和控制动物传染病的重要措施。

2.免疫接种及其种类

动物免疫接种是通过给健康动物接种某种抗原物质 (疫苗、菌苗、类毒素) 或免疫血清 (抗体), 使机体自身产生或被动获得特异免疫力, 使易感动物转化为非易感动物的一种手段。

动物免疫接种根据接种的时机和目的不同分为预防接种①和紧急接种②。通常所讲的免疫接种, 主要是指平时的预防接种。

3.免疫程序

免疫程序是根据一定地区、养殖场或特定动物群体内传染病的流行状况、动物健康状况和不同疫苗特性, 为特定动物群制订的接种计划, 包括接种疫苗的类型、顺序、时间、次数、方法、时间间隔等规程和次序。科学的免疫程序是决定免疫效果的重要因素, 牛场必须根据本场疫病的流行情况、牛抗体水平、疫病种类、饲养管理方式、疫苗种类与性质、免疫途径等因素制订适合本场的免疫程序, 并根据具体情况随时进行调整。

(1) 口蹄疫免疫　犊牛应在 10 周龄左右, 进行第一次基础免疫注射; 在 14 周龄时, 进行第二次基础免疫注

①预防接种: 是在经常发生某些传染病的地区或传染病潜在地区或受威胁的地区, 为了防止传染病的发生和流行, 按照一定的免疫程序在平时有计划地给健康动物进行的疫苗免疫接种。

②紧急接种: 在发生某种疫病时, 为迅速控制和扑灭疫病, 而对疫区和受威胁区动物进行的应急性免疫接种。

射。此后，每半年进行一次加强免疫注射即可。疫苗可选用口蹄疫 O 型、亚洲 I 型、A 型三价灭活疫苗，肌内注射 1 毫升。

（2）炭疽免疫　炭疽疫区的牛，每年春季进行一次炭疽疫苗预防接种。犊牛在 4 月龄左右进行首次免疫。疫苗可选择无毒炭疽芽孢苗，1 岁以上大牛皮下注射 1 毫升，1 岁以下皮下注射 0.5 毫升。或 2 号炭疽芽孢苗，无论牛的大小均可皮下注射 1 毫升，1 岁以下的可皮下注射 0.5 毫升。

（3）气肿疽免疫　气肿疽疫区的牛应每年春秋两季各接种气肿疽疫苗 1 次。疫苗可选用牛气肿疽灭活疫苗，大、小牛均皮下注射 5 毫升。犊牛 2 月龄左右首次免疫，6 月龄左右二次免疫。

（4）牛巴氏杆菌病免疫　选用牛出血性败血病氢氧化铝菌苗每年春秋两季各接种 1 次，皮下或肌内注射，100 千克以下牛注射 4 毫升，100 千克以上牛注射 6 毫升，犊牛 4~5 月龄首次免疫。

此外，各牛场根据本场实际情况进行厌氧梭菌病、大肠杆菌病、乳房炎、焦虫病等疾病的免疫工作。

4.疫苗使用的注意事项

见图 2-7。

（1）使用疫苗要按照免疫程序有计划地实施免疫接种，不要盲目地乱用疫苗。

（2）所选的疫苗应是通过 GMP 验收的生物制品企业生产，具有农业农村部正式生产许可证及批准文号。在选购时应看准产品的批准文号、生产日期、出厂时间、有效期、保存方法与时间及包装品等；同时观察疫苗瓶是否有裂纹、破损、瓶塞松动、油乳剂破乳，药品色泽与物理性状发生改变等现象，如果存在以上现象，则不能使用。

（3）使用疫苗时要认真查阅疫苗的使用说明书，严格按照疫苗规定的头份剂量使用正规的稀释液进行稀释，并充分摇匀后再行使用。不要任意增大或缩小疫苗使用稀释浓度；注射时也不准盲目地提高免疫剂量或减少疫苗使用量。否则，会造成机体免疫麻痹与免疫失败。

（4）免疫接种时，对注射器、针头、疫苗瓶盖、稀释液的瓶盖、注射部位等要严格消毒，以免造成注射感染。注射时，每注射 1 头牛要更换 1 个针头。

（5）接种弱毒活菌苗前后 3 天内不准使用抗生素和抗菌药物；接种弱毒活疫苗（病毒苗）后，96 小时内不要使用抗病毒药物。

（6）大规模免疫接种时，最好是先选一部分牛做试验接种，确认安全后，再进行全面免疫接种。

（7）使用疫苗时，要登记疫苗批号、生产厂家、注射时间与地点、动物的名称与头数，并保留同批药品两瓶，以便免疫接种后发生问题时查找原因，发现问题，及时找厂家解决。

（8）疫苗注射完毕后，所有器械与用具都要严格消毒，对使用过的疫苗空瓶、剩余疫苗也应严格消毒处理，不得随意丢弃，以防散毒及污染场地。

（9）疫苗的运输按照我国《兽医生物制品规程》运输要求进行。当外界环境温度不超过 8℃时，疫苗可常规运输；当环境温度超过 8℃以上时，需冷藏运输，可用保温箱或保温瓶加些冰块，避免阳光照射。疫苗应尽量避免由于温度忽高忽低而造成反复冻融，使疫苗失活或降低效价。

（10）疫苗的保存应按照我国《兽医生物制品规程》保存要求进行。启用后的疫苗应在 4~6 小时内一次用完，超过时间的应废弃。

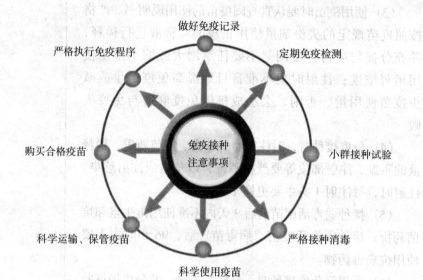

做好免疫记录

严格执行免疫程序

定期免疫检测

免疫接种
注意事项

购买合格疫苗

小群接种试验

科学运输、保管疫苗

严格接种消毒

科学使用疫苗

图 2-7 牛场疫苗使用注意事项

5.牛群驱虫方法

寄生虫病的发生和流行，可以导致牛群生长发育迟缓，饲料利用率低下，甚至导致病牛只死亡，造成严重的经济损失，因此牛场必须重点做好以下驱虫工作：

（1）引进牛进场后第 2 周要进行驱体内、外寄生虫一次。

（2）每年春秋两季进行全群驱虫，对于饲养环境较差、寄生虫病发病率较高的牛场，每年在 5~6 月增加驱虫一次。

（3）犊牛在 2 月龄和 6 月龄各驱体内、外寄生虫一次。

（4）成年母牛在配种前、临产前 2 周驱体内、外寄生虫一次。

（5）育成牛在配种前驱虫一次。

驱体外寄生虫可选择敌百虫、双甲脒、阿维菌素、伊维菌素等药物，驱体内寄生虫可选择左旋咪唑、丙硫苯咪唑、敌百虫、阿维菌素、伊维菌素等。

6.牛群驱虫注意事项

（1）根据寄生虫的种类选择安全、高效的驱虫药。大型牛场及有条件的牛场应通过粪便检查等方法进行寄生虫及虫卵检查，根据检查结果有针对性地选择理想的驱虫药物。

（2）给大群牛驱虫之前，先选用 2～3 头牛进行小群药效试验。经证实安全、有效后，再进行大群用药。

（3）驱虫药严格按照药品说明书规定的剂量、方法进行使用，并注意配伍禁忌，切不可盲目加大剂量，以防中毒。

三、牛场常用药物

(一)牛场常用消毒药物

见表 3-1。

表 3-1 牛场常用消毒药物

药物名称	主要作用	主要用途用法	注意事项
石炭酸	杀灭细菌繁殖体、真菌，不杀灭芽孢	3％～5％溶液喷洒牛舍、工具、浸泡衣服、皮革及外科器械	做好消毒人员防护；不能与碱性消毒剂合用
来苏儿	杀灭细菌繁殖体、真菌，不杀灭芽孢	1％～2％溶液消毒牛舍、饲槽、用具、场地及手臂、创面、器械	不宜用于橡胶、塑料类物品消毒
复合酚（菌毒敌）	杀灭细菌、病毒、霉菌、多种寄生虫卵	（1∶300）～（1∶100）稀释用于牛舍、工具、饲养场地、车辆等消毒	不与碱类药物和其他消毒剂合用；做好消毒人员防护
农福	杀灭病毒、细菌、真菌、支原体	（1∶200）～（1∶400）稀释用于牛舍、工具、饲养场地、车辆等消毒	
烧碱（苛性钠）	杀灭细菌繁殖体、芽孢、病毒	2％～4％溶液用于圈舍、饲槽、车辆和器具的消毒	不可带牛消毒；消毒后需空置0.5～1天，并用水冲洗后使用

（续）

药物名称	主要作用	主要用途用法	注意事项
生石灰（氧化钙）	杀灭细菌繁殖体，对炭疽芽孢无效	10％～20％石灰乳粉刷墙壁、栏杆、饲槽，喷洒地面或石灰粉直接撒于阴湿地面、粪池周围及污水沟等处进行消毒或尸体表面进行掩埋	宜现配现用
福尔马林（甲醛）	杀灭各种病原微生物	2％～5％水溶液用于喷洒墙壁、地面、料槽及用具消毒；或按每立方米空间用福尔马林30毫升，加高锰酸钾15克进行密闭后熏蒸消毒	做好消毒人员防护
戊二醛	对细菌繁殖体、芽孢、病毒、结核杆菌、真菌等均有良好的杀灭作用	2％戊二醛水溶液中加入0.3％碳酸氢钠作缓冲剂，用于牛舍、洗手、用具、运输车辆、器械等的消毒	宜现配现用；20℃以下杀菌作用显著降低；在碱性条件下（pH7.5～8.5）杀菌效果较好
菌毒灭	杀灭病毒、细菌、霉菌及支原体等	饮水按1：（1 500～2 000）稀释；日常对环境、栏舍、器械消毒（喷雾、冲洗、浸泡）按1：（500～1 000）稀释；发病时按300倍稀释	
新洁尔灭（溴苄烷铵）	对杀灭细菌、部分病毒有效，对结核杆菌及真菌效果较差	0.1％溶液用于手术前洗手，皮肤和黏膜消毒及器械消毒；用0.01％～0.05％溶液做阴道、膀胱黏膜及深部感染疮的冲洗消毒等	不能与肥皂、高锰酸钾、碘剂、氢氧化钠等配合使用；有机物对其消毒效果有明显影响
百菌灭	杀灭各种病毒、细菌和霉菌	1：（800～1 200）倍稀释做牛舍、场地等消毒；（1：3 000）～（1：5 000）倍稀释，可做饮水系统消毒	

（续）

药物名称	主要作用	主要用途用法	注意事项
漂白粉	对细菌、病毒、噬菌体、真菌和原虫等均有较好的杀灭作用	10%～20%乳剂用于牛舍、场地、车辆和排泄物的消毒；每立方米水加漂白粉6～10克进行饮水消毒	漂白粉使用前应测定有效氯的含量，依实测含量配制使用消毒液，宜现配现用
优氯净（二氯异氰尿酸钠）	对细菌繁殖体、病毒、真菌孢子及细菌芽孢都有较强的杀灭作用	0.5%～1%浓度用于牛舍、场地、车辆和排泄物的消毒	宜现配现用
碘酊（碘酒）	对细菌有杀灭作用	2%碘酊可用于免疫、注射部位及外科手术部位皮肤，以及各种创伤或感染的皮肤或黏膜消毒	不能与含汞的药物合用
碘伏（聚维酮碘溶液）	对细菌、霉菌、病菌、线虫等有杀灭作用	1%浓度的碘伏，用于注射部位，手术部位的皮肤、黏膜以及创伤口消毒	不能与含汞的药物合用
高锰酸钾	杀灭细菌繁殖体、芽孢和病毒	配合福尔马林熏蒸消毒；0.02%～0.1%的水溶液用于皮肤、黏膜创面冲洗及饮水消毒；0.02%的水溶液冲洗膀胱、子宫、阴道；2%～5%溶液用于杀死芽孢的消毒	黏膜消毒浓度要严格掌握。水溶液宜现配现用
过氧乙酸	对细菌繁殖体和芽孢、真菌、病毒等都有高效的杀灭作用	0.1%～0.2%浓度用于牛舍、场地、用具等消毒	宜现配现用；对多种金属有强烈的腐蚀作用。应贮存于通风阴凉处
酒精	对细菌有杀灭作用	70%酒精用于注射针头、体温计、皮肤、手指及手术器械的消毒	易挥发，须密闭保存

（二）牛场常用抗菌药物

见表 3-2。

表 3-2　牛场常用抗菌药物

药物名称	应用	用法用量	注意事项
青霉素 G	用于革兰氏阳性菌、革兰氏阴性球菌、放线菌和螺旋体等敏感菌引起的炭疽、放线菌病、坏死杆菌病、链球菌病、李氏杆菌病、气肿疽、肾炎、乳腺炎、子宫炎、肺炎、败血症、化脓创及钩端螺旋体病等	每千克体重 0.5 万～1 万单位肌内注射；犊牛 1 万～1.5 万单位，一日 2～3 次，连用 2～3 日。乳房灌注，每个乳室 10 万单位，一日 1～2 次	宜现配现用，不能与碱性药物、四环素类、大环内脂类、磺胺类药物合用
氨苄西林（氨苄青霉素）	主要用于大肠杆菌、沙门氏菌、巴氏杆菌等革兰氏阴性菌引起的呼吸道、消化道、泌尿生殖道感染及全身感染和败血症、乳腺炎、子宫炎等疾病	每千克体重按 10～20 毫克肌内、静脉注射，一日 2～3 次，连用 2～3 日	宜现配现用
阿莫西林（羟氨苄青霉素）	主要用于治疗大肠杆菌、沙门氏菌、巴氏杆菌、链球菌、葡萄球菌等敏感菌引起的呼吸道、消化道、泌尿生殖道等感染及全身性感染、乳房炎、子宫炎、肾盂肾炎等疾病	每千克体重按 10～15 毫克肌内注射或静脉注射，一日 2 次，连用 3～5 日	
头孢噻呋	为动物专用的第三代头孢菌素类抗生素，其抗菌谱广、抗菌活性强，主要用于革兰氏阳性菌、革兰氏阴性菌及厌氧菌等引起的呼吸道、消化道、泌尿生殖道等感染及全身性感染，尤其是葡萄球菌、链球菌、大肠杆菌、巴氏杆菌、沙门氏菌等感染	每千克体重肌内注射 1.1～2.2 毫克，每天 1 次	

（续）

药物名称	应用	用法用量	注意事项
链霉素	主要用于治疗巴氏杆菌、布鲁氏菌、沙门氏菌、大肠杆菌等革兰氏阴性菌和结核杆菌感染	每千克体重肌内注射10～15毫克，一日2次，连用2～3日	易产生耐药性，经3～4天治疗无效应及时换药；不宜采用静脉或皮下注射法给药
庆大霉素	主要用于治疗金黄色葡萄球菌等革兰氏阳性菌，大肠杆菌、沙门氏菌等革兰氏阴性菌，特别是绿脓杆菌、耐药金黄色葡萄球菌引起的呼吸道、消化道、泌尿道感染及败血症等。也可用于结核杆菌和支原体感染	每千克体重肌内注射2～4毫克，一日2次连用3～5日。犊牛每千克体重5～10毫克口服，每天2次	不宜采用静脉或皮下注射法给药
卡那霉素	主要用于治疗巴氏杆菌、肺炎杆菌、沙门氏菌、大肠杆菌等革兰氏阴性菌，以及金黄色葡萄球菌和结核杆菌等引起的呼吸道、消化道、泌尿生殖道感染等	每千克体重肌内注射5～15毫克，一日2次，连用2～3日	
红霉素	主用于治疗金黄色葡萄球菌、链球菌、肺炎球菌、梭状芽孢杆菌、炭疽杆菌等革兰氏阳性菌引起的、使用青霉素治疗无效的呼吸道感染、泌尿道感染等疾病及支原体引起的疾病	每千克体重静脉注射3～5毫克，一日2次，连用2～3日	静脉注射速度宜缓慢
替米考星	为畜禽专用抗生素。主要用于治疗胸膜肺炎放线杆菌、巴氏杆菌及支原体感染等	每千克体重皮下注射10毫克，仅注射1次	禁止静脉注射
土霉素	主要用于治疗多种革兰氏阳性菌和革兰氏阴性菌、立克次体、支原体、放线菌、附红细胞体等引起的呼吸道、消化道、泌尿生殖道感染及全身感染等	每千克体重肌内注射5～10毫克，一日1～2次，连用2～3日	禁止口服

（续）

药物名称	应用	用法用量	注意事项
氟苯尼考	主要用于治疗多种革兰氏阳性菌及革兰氏阴性菌、螺旋体、立克次体、阿米巴原虫等引起的呼吸道感染及全身感染	每千克体重肌内注射5～10毫克，一日1次，连用2～3日	
磺胺嘧啶	主要用于治疗金黄色葡萄球菌、化脓性链球菌、肺炎链球菌、脑膜炎球菌、巴氏杆菌、大肠杆菌、李氏杆菌等引起的呼吸道、消化道、泌尿生殖道感染和全身感染，特别是治疗脑膜炎的首选药物。也可用于附红细胞体病等寄生虫病的治疗	每千克体重静脉或肌内注射50～100毫克，一日1～2次，连用2～3日	第一次用双倍治疗量；应与等量的碳酸氢钠合用，以碱化尿液
磺胺-6-甲氧嘧啶	是目前临床上抗菌活性最高且长效的磺胺类药物，抗菌谱与磺胺嘧啶相似，但抗球虫病、附红细胞体病等作用更强	每千克体重静脉或肌内注射50～100毫克，一日1次，连用2～3日	同磺胺嘧啶
甲氧苄胺嘧啶	与磺胺类药合用可提高磺胺类药抗菌效力数倍至数十倍，故又叫抗菌增效剂。可与磺胺类药、四环素、庆大霉素合用治疗呼吸道、泌尿道、消化道感染以及败血症、乳腺炎、创伤、术后感染等	按1∶5的比例与其他磺胺类药合用	
环丙沙星	主要用于治疗多种革兰氏阴性菌、革兰氏阳性菌、支原体、绿脓杆菌等引起全身感染及消化道、呼吸道、泌尿生殖道感染	每千克体重肌内注射2.5毫克，每天2次，连用2～3日	保证充足饮水
恩诺沙星	为动物专用第三代氟喹诺酮类药物。主要用于治疗大肠杆菌、沙门氏菌、变形杆菌、绿脓杆菌、多杀性巴氏杆菌等革兰氏阴性菌，金黄色葡萄球菌、链球菌等革兰氏阳性菌引起的消化道感染、尿路感染、呼吸道感染和伤口感染及支原体感染	每千克体重肌内注射2.5毫克，每天1次，连用2～3日	

（三）牛场常用抗寄生虫药

见表3-3。

表3-3 牛场常用抗寄生虫药

药物名称	应用	用法用量	注意事项
敌百虫	主要用于驱除各种线虫及螨、虱、蜱、蝇等外寄生虫	每千克体重内服20～50毫克；配成1％溶液喷洒或涂抹灭虱、螨、虱、蚤、蜱等	不要与碱性药物配合应用；严格用量
左旋咪唑	主要用于驱除蛔虫、线虫	每千克体重内服、肌内或皮下注射7.5毫克	
双甲脒乳油	主要用于驱除各种螨、虱、蜱、蝇等外寄生虫	配成0.05％溶液喷洒牛体及畜舍地面和墙壁等处	严格用量
阿苯达唑（丙硫苯咪唑）	主要用于驱除各种线虫、吸虫和绦虫	每千克体重内服10～30毫克	
硝氯酚	主要用于驱除肝片吸虫成虫	每千克体重内服3～7毫克；每千克体重皮下或肌内注射0.8～1毫克	
氯硝柳胺	主要用于驱除莫尼茨绦虫等多种绦虫	每千克体重内服60～70毫克	
阿维菌素	主要用于驱除各种线虫及螨、虱、蜱、蝇等外寄生虫	每千克体重内服、皮下注射0.2毫克	不能肌内注射
伊维菌素	主要用于驱除各种线虫及螨、虱、蜱、蝇等外寄生虫	每千克体重内服0.3毫克；每千克体重皮下注射0.2毫克	不能肌内注射
贝尼尔（三氮脒）	主要用于驱除各种焦虫、锥虫及附红细胞体等	每千克体重深层肌内注射3～5毫克	

（四）牛场其他常用药物

见表 3-4。

表 3-4　牛场其他常用药物

药物名称	应用	用法用量	注意事项
速眠新注射液（846 合剂）	用于手术麻醉保定及狂躁动物镇静	每千克体重肌内注射 0.1～0.2 毫升	严格掌握剂量
安息香酸钠咖啡因（安钠咖）	用于治疗心力衰竭、呼吸衰竭	20～50 毫升皮下、肌内注射或静脉注射	
氨甲酰胆碱	作用于瘤胃积食、前胃迟缓、胎衣不下，子宫蓄脓	1～2 毫克皮下注射	严格掌握剂量；孕畜禁用
阿托品	主要用于有机磷和拟胆碱药中毒解救；治疗急性肠炎、肠痉挛；麻醉前给药	每千克体重皮下或肌内注射 0.02～0.05 毫克，用于有机磷农药中毒时，每千克体重 0.5～1 毫克	严格掌握剂量
肾上腺素	主要用于过敏性休克、急性心衰等	2～5 毫升皮下注射	严格掌握剂量
碳酸氢钠	主要用于治疗各种酸中毒	内服 30～100 克；5% 碳酸氢钠注射液静脉注射 300～1 000 毫升	禁止与酸性药物合用
人工盐	主要用于健胃、缓泻	健胃：50～150 克内服；缓泻：200～400 克内服	
氯化钠	作用于补液及治疗前胃迟缓、瘤胃积食等	补液用生理盐水或复方氯化钠溶液 1 000～3 000 毫升静脉注射；治疗前胃迟缓、瘤胃积食等用 10% 氯化钠溶液每千克体重静脉注射 1 毫升	10% 氯化钠溶液注射速度要慢；不可漏出血管外；心衰病畜慎用
鱼石脂	主要用于瘤胃臌气、前胃迟缓等	10～30 克用倍量乙醇溶解，再加水配成 3%～5% 的溶液灌服	
二甲硅油	主要用于泡沫性瘤胃臌气	3～5 克内服；消胀片 80～100 片内服	

（续）

药物名称	应用	用法用量	注意事项
硫酸钠	主要用于前胃迟缓、瘤胃积食、瘤胃臌气、瓣胃阻塞、皱胃积食等阻塞性疾病	300～800克配成4%～6%的溶液灌服；25%～30%的溶液250～300毫升瓣胃注射治疗瓣胃阻塞	
液体石蜡	主要用于前胃迟缓、瘤胃积食、瘤胃臌气、皱胃积食等阻塞性疾病	500～1 500毫升灌服	
止血敏	主要用于治疗各种出血性疾病	2.5～5.0克肌内注射或静脉注射	
葡萄糖	主要用于脱水、酮病、过度虚弱、中毒、水肿等病	补液可选用5%葡萄糖溶液或葡萄糖氯化钠溶液1 000～3 000毫升静脉注射。过度虚弱、酮病、中毒等可选择10%、25%葡萄糖溶液50～250克静脉注射。水肿可选用50%葡萄糖溶液静脉注射	
葡萄糖酸钙	主要用于产后瘫痪等缺钙性疾病	20～60克静脉注射	速度要缓慢
缩宫素	主要用于催产、产后子宫出血、胎衣不下等	30～100单位皮下或肌内注射	严格掌握剂量；胎位不正禁用
麦角新碱	主要用于产后出血、胎衣不下等	5～15毫克肌内或静脉注射	禁用于催产
地塞米松	主要用于酮病、重度感染、过敏性疾病、休克等疾病	5～20毫克肌内或静脉注射	孕畜禁用；骨折、骨质疏松症、创伤慎用
安痛定	主要用于解热镇痛，抗炎抗风湿	20～50毫升肌内注射	
安乃近	主要用于解热镇痛，抗炎抗风湿	10～30毫升肌内注射	
解磷定（碘解磷定）	用于有机磷中毒的解救	每千克体重静脉注射15～30毫克	严格用量；注射速度要慢

四、牛病诊疗技术

采取准确、合理的诊断和治疗方法是奶牛疾病诊疗的关键，因为只有准确的诊断方法才能获得牛疾病的症状①，只有合理的治疗手段才能获得理想的疗效。

（一）牛的保定

目标 ●掌握奶牛的保定方法

动物保定是指用人为的方法使动物易于接受诊断和治疗，保障人、畜安全所采取的保护性措施。由于牛有一定的攻击行为，因此采取合理的保定方法是实施牛病诊疗的前提，也是兽医从业人员应具备的基本操作技能之一。

1.徒手保定

适用于一般检查、灌药、颈部肌内注射及颈静脉注射。

▶ 方法

术者站于牛头一侧，先用一只手抓住牛角，然后另一只手拉提鼻绳、鼻环或用另一只手的拇指与食指、中指捏住牛的鼻中隔加以固定，见图4-1。

2.牛鼻钳保定

适用于一般检查、灌药、颈部肌内注射、颈静脉注射及检疫。

①症状：动物患病时，由于受到病原因素的作用，引起细胞内分子结构的改变，使组织、器官的形态结构发生变化和机能发生紊乱，在临床上常常呈现出一些异常表现，这些异常的表现称为症状。

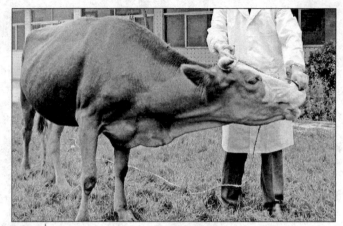

图 4-1 牛的徒手保定

▶ **方法**

术者手持鼻钳站于牛头一侧，迅速将鼻钳两钳嘴抵住两鼻孔，并迅速夹紧鼻中隔，用一只手或双手握持，亦可用绳系紧钳柄将其固定，见图 4-2。

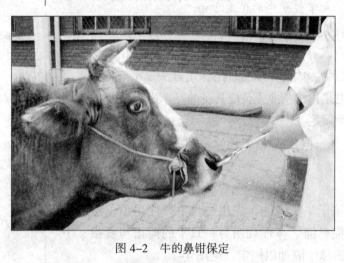

图 4-2 牛的鼻钳保定

3. 柱栏内保定

适用于临床检查、检疫、各种注射及颈、腹、蹄等部位疾病的治疗。

单柱栏保定方法

可将牛拴系在大树、电线杆等单柱上。

二柱栏保定方法

见图4-3。

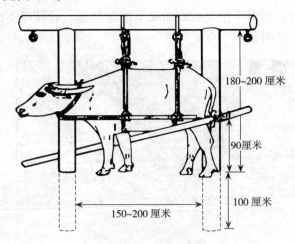

图4-3　牛的二柱栏保定

四柱栏保定方法

先挂上前横带，将牛从后面牵入栏中，将缰绳拴在柱栏的圆环上，系一活结，再挂上后横带，吊上腹带，挂上背带。

六柱栏保定方法

见图4-4。

图4-4　牛的六柱栏保定

4. 两后肢保定

用于简单诊断和治疗时的临时固定。术者先将 4 米长的绳对折。术者站于牛后躯一侧，助手站于另一侧，术者将绳的对折端递于对方，然后将绳的另一端穿过折转处，将绳下推至后肢跗关节附近拉紧，后肢即不能活动，见图 4-5。

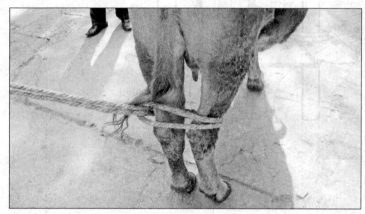

图 4-5　牛的两后肢保定

5. 背腰缠绕倒牛保定（一条龙倒牛法）

适用于去势及其他外科手术等，见图 4-6。

图 4-6　背腰缠绕倒牛保定

▶ 套牛角

在绳的一端做一个较大的活绳圈，套在牛两个角的根部。

▶ 做第一绳套

将绳沿非卧侧颈部外面和躯干上部向后牵引，在肩胛骨后角处环胸绕一圈做成第一绳套。

▶ 做第二绳套

继而向后引至臀部，再环腹一周（此套应放于乳房前方）做成第二绳套。

▶ 倒牛

由两人慢慢向后拉绳的游离端，由另一人把持牛角，使牛头向下倾斜，牛立即蜷腿而慢慢倒下。

▶ 固定

牛倒卧后，要固定好头部，防止牛站起（图4-7）。一般情况下，不需捆绑四肢，必要时再将其固定（图4-8）。

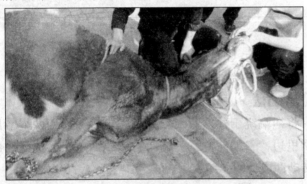

图 4-7　牛倒卧后压住颈部防止牛站起

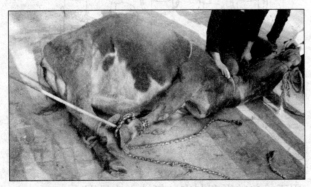

图 4-8　四肢捆绑保定

6. 拴马结保定

常用于动物拴系保定。优点：拴系牢固，动物可绕桩运动，易于解开。

▶ **打结方法**

　　左手持缰绳游离端，右手持缰绳在左手绕一小圈套，将左手小圈套从大圈套内向后、向上拉出，同时，右手持缰绳游离端，左手勾住游离端抽出，右手拉紧游离端即可（图4-9）。

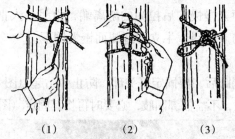

（1）　　　　　（2）　　　　　（3）

图4-9　拴马结打结方法

7. 猪蹄结（扣）保定

主要用于保定肢蹄。

▶ **打结方法**

　　将绳端绕于柱（肢蹄）上后，再绕一圈，两绳端压于圈里边，一端向左，一端向右。或两手交叉握绳，两手转动即成（图4-10）。

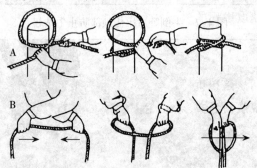

图4-10　猪蹄结打结方法

8. 单活结保定

用于简单的绳套制作，打结方法见图4-11。

(1)　　　　　　　(2)

图4-11　单活结打结方法

9. 双活结保定

用于制作拴系动物颈部的活套，打结方法见图4-12。

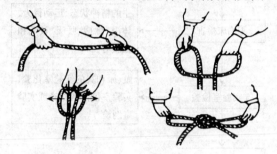

图4-12　双活结打结方法

（二）基本诊断方法

目标　●掌握诊断的基本方法

诊断①是牛病防治的基础，只有通过正确的诊断方法，获取患病的原因，才能最终决定采取何种治疗措施。牛病的诊断流程如下示意图。

1. 问诊

问诊是以询问的方式，向饲养、管理人员调查了解畜群或病畜有关发病的各种情况。问诊是建立诊断的重要环节之一，一般是在进行具体检查之前进行。问诊的主要内容包括病畜既往病史、现病史、日常饲养管理情况、生产及利用概况、有关流行病学的材料等（表4-1）。问诊时，态度要热情诚恳，语言要通俗易懂，提问要明确且突出重点，内容要全面。

①诊断：通过一定的方法和手段，获得奶牛患病的线索和原因的过程。

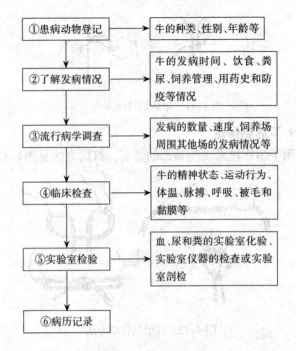

表 4-1　问诊的内容

既往病史	现病史	饲养管理	流行病学调查	诊治经过
病畜或畜群过去的发病情况	本次发病的详细情况和经过，包括发病时间、地点、经过、症状等	饲料种类、饲养管理制度、环境卫生条件、产奶量等	消毒情况、免疫情况、发病动物数量、当地的传染病流行情况等	用过什么药物，效果如何，其他兽医的诊断结果等

2. 视诊（望诊）

视诊是用肉眼或借助器械观察病畜的整体和局部的异常表现的方法。视诊方法简便可靠、应用范围广。被列为四诊（望、闻、问、切）之首（表4-2）。

表 4-2　视诊的内容

全身状态	体表各部	生理功能
体格大小、发育程度、营养状况、体质强弱等	体表有无创伤、溃疡、疱疹、肿物，口腔、鼻镜、肛门、阴门分泌物及性质等	呼吸、采食、咀嚼、吞咽、反刍、排粪及排尿动作等

▶ 视诊方法

检查者站在距离病畜约 2 米远的地方，由左前方开始，从前向后，边走边看，有顺序地观察头部、颈部、胸部、腹部和四肢，走到正后方时，观察尾部、会阴部，同时对照观察两侧胸腹部及臀部的状态和对称性，再由右侧走到正前方。如果发现异常，可接近病畜，按相反的方向再转一圈，对呈现异常变化的部位做进一步细致的观察。最后，带病畜进行牵遛运动，以观察其运步状态。注意，应尽量让病畜保持自然状态和在自然光下进行视诊(图 4-13 至

图 4-13　前方视诊

图 4-14　左侧视诊

图 4-15　后方视诊

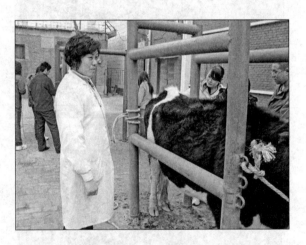

图 4-16　右侧视诊

图 4-16)。

3. 触诊

触诊是利用手的触觉或借助器械检查病畜的一种方法，触诊的内容见表 4-3。

表 4-3　触诊的内容

体表状态	某些器官的活动	腹腔内状态
皮肤的温度、湿度、坚实度、弹性等，体表淋巴结及局部肿物的位置、大小、形状、温度、硬度、移动性及敏感性等	心搏动的强度和频率、瘤胃的蠕动次数及强度、胸腹壁的紧张度及敏感性等	有无腹腔积液，胃、肠内容物的性状等

▶ **触诊方法**

见图 4-17 至图 4-22。

触诊时，先周围后中心，先浅后深，先轻后重。

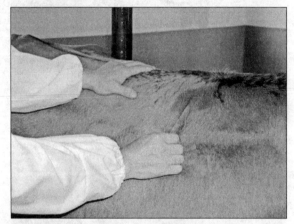

图 4-17　手指触诊

图 4-18　手掌触诊

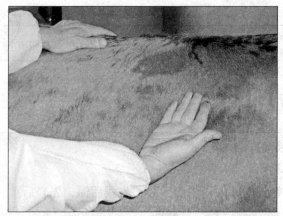

图 4-19　手背触诊

图 4-20　手掌按压触诊

图 4-21　拳冲击触诊

图4-22　手指切入触诊

4. 叩诊

叩诊是对动物体表的某一部位进行叩击,根据所产生的音响性质,以推断被检查的器官、组织有无病理变化的一种方法。叩诊主要用于检查动物体腔（如胸腔、腹腔、鼻窦）内容物性状（气体、液体或固体）、含气器官（如肺脏、胃、肠等）的含气量及推断某一器官（含气的或实质的）的位置、大小和形状。

▶ **叩诊音**

常见的叩诊音主要有以下4种。

（1）清音　叩诊正常肺区中部所产生的音响。声音大而清脆。

（2）浊音　叩诊肌肉丰满部位（如臀部）或不含气的实质器官（如心脏、肝脏、脾脏）时所产生的音响。声音弱小而钝浊。

（3）半浊音　介于清音与浊音之间的过渡音响。如叩诊肺脏边缘部位等。

（4）鼓音　叩诊健康牛瘤胃上部1/3所产生的音响。

▶ **叩诊方法**

包括直接叩诊和间接叩诊,叩诊工具及具体叩诊方法见图4-23至图4-26。

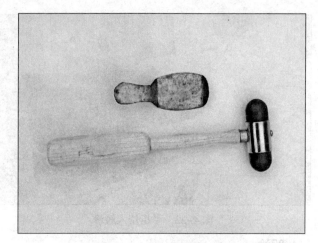

图 4-23　叩诊锤和叩诊板

图 4-24　板锤叩诊

图 4-25　指指叩诊

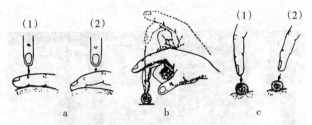

图 4-26　指指叩诊的正确方法

a.叩诊时手指放置于体表的姿势

(1) 正确姿势　　(2) 错误姿势

b.间接叩诊法的姿势

c.叩诊时手指的方向

(1) 正确姿势　　(2) 错误姿势

5. 听诊

　　听诊是借助听诊器（图 4-27）或直接用耳听取动物内脏器官在活动过程中所产生的声音，借以判定其异常变化的一种检查方法。听诊主要用于听取心音、喉、气管及肺泡呼吸音、胃肠蠕动音。听诊场所要保持安静，注意力要集中（图 4-28、图4-29）。

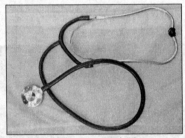

图 4-27　听诊器

图 4-28　正确使用听诊器

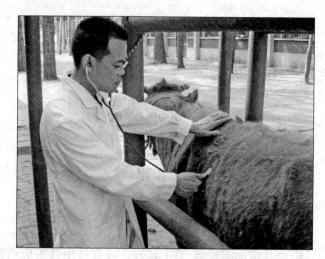

图 4-29 听 诊

6. 嗅诊

嗅诊是用嗅觉发现、辨别动物的呼出气、口腔气味、排泄物及病理性分泌物气味的一种检查方法。

▶ 嗅诊方法

见图 4-30。

图 4-30 嗅 诊

7. 眼结膜检查

①睑结膜是眼睑内表面的黏膜；球结膜是巩膜表面的黏膜。

眼结膜包括睑结膜和球结膜①。通过观察眼结膜的颜色、分泌物等诊断相关疾病（表 4-4）。常见的异常有潮红、黄染、发绀、流泪、有分泌物等。

表 4-4　眼结膜常见的病变

	病　变				
	潮　红	苍　白	黄　染	发绀（蓝紫色）	出血点或出血斑
病因	结膜下毛细血管充血	贫血	血液内胆红素增多	缺氧，血液中二氧化碳增多	血管壁通透性增大
病症	单眼潮红是结膜炎；双侧弥漫性潮红见于热性病；如结膜上小血管充盈特别明显呈树枝状，多为血液循环	见于慢性营养不良，或肠道寄生虫病、结核病等；在苍白的同时伴有不同程度的黄染，见于焦虫病等引起的	见于肝脏疾病、胆道阻塞和溶血性疾病等	见于肺炎、心力衰竭、某些中毒（如亚硝酸盐中毒等）	蕨类植物中毒、焦虫病等

▶ 检查方法

　　术者站于动物一侧，一只手握牛角，另一只手握其鼻中隔并扭转头部，使其偏向侧方，巩膜即充分暴露（图 4-31）。术者一只手握其鼻中隔，另一只手的拇指与食指将上下眼睑拨开，即露出睑结膜（图 4-32）。

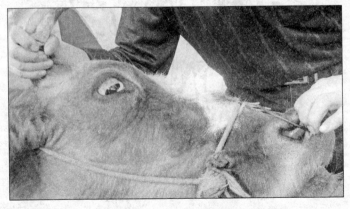

图 4-31　检查球结膜

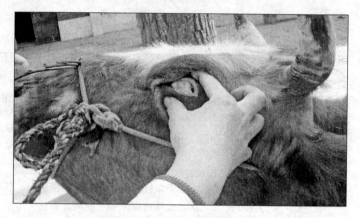

图4-32 检查睑结膜

8.体表淋巴结的检查

淋巴结是机体重要的防卫器官,当机体某部位有疾病时,相应区域的淋巴结会表现出肿胀、疼痛、化脓等病理变化。所以,体表淋巴结的检查对于牛疾病诊断非常重要,牛的浅表淋巴结分布见图4-33,体表淋巴结检查见图4-34至图4-36。

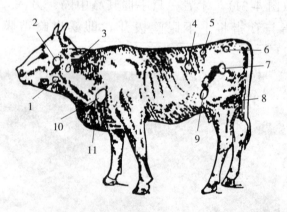

图4-33 牛的浅表淋巴结分布

1.颌下淋巴结　2.耳下淋巴结　3.颈上淋巴结

4.髂上淋巴结　5.髋内淋巴结　6.坐骨淋巴结

7.髂外淋巴结　8.腘淋巴结　9.膝襞淋巴结

10.颈下淋巴结　11.肩前淋巴结

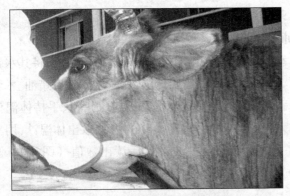

图4-34　牛的颌下淋巴结检查①

①术者站于牛头部一侧，一手握其鼻中隔，另一手于其下颌支内侧触诊颌下淋巴结。

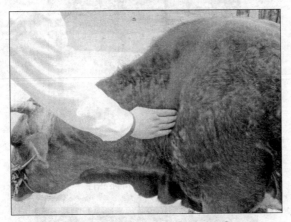

图4-35　牛的肩前淋巴结检查②

②术者站于牛颈部一侧，用一手于肩关节前方、臂头肌的深层触诊肩前淋巴结。

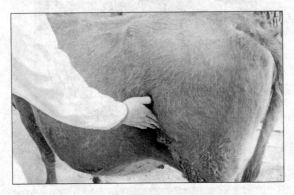

图4-36　牛的膝上淋巴结检查③

③术者站于牛一侧，一手按在脊柱作为支点，另一手平伸于膝关节上方触诊膝上淋巴结。

9. 体温检查

体温计的使用

　　动物柱栏内保定。术者一只手持体温计,将其水银柱甩至 35℃以下,用酒精棉球消毒,蘸上少许石蜡油。术者站在牛正后方,一只手将牛尾巴抬起,另一只手持体温计旋转插入直肠约 2/3 后固定。5 分钟后,取出体温计,用一棉球擦去体温计上的黏液,然后读出数值（图 4-37 至图 4-39）。健康牛的体温(直肠温度)为 37.5～39.5℃。

图 4-37　正确持体温计

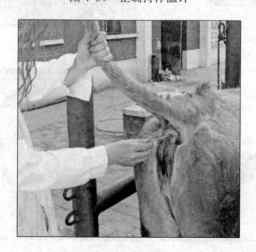

图 4-38　将体温计插入直肠

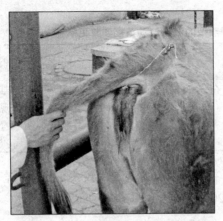

图4-39 将体温计插入直肠加以固定

▶ **发热程度**

可分为微热、中等热、高热和极高热，发热程度及常见引起发热的病症见表4-5。

表4-5 发热程度及常见引起发热的病症

发热程度	微　热	中等热	高　热	极高热
体温升高范围	0.5～1℃	1～2℃	2～3℃	3℃以上
常见病症	局限性炎症和轻微病症，如感冒、口炎、胃卡他等	消化道、呼吸道的一般性炎症及某些亚急性、慢性传染病，如胃肠炎、支气管炎、咽喉炎、结核病等	急性传染性疾病和广泛性炎症等，如牛肺疫、流感、大叶性肺炎、小叶性肺炎、腹膜炎等	某些严重的急性传染病，如炭疽、脓毒败血症，日射病和热射病也可引起极高热

▶ **热型**

对发热病牛每天测温2次（8：00—9：00，16：00—17：00），将逐日数据记录于体温曲线表上并连成体温曲线①。根据体温曲线的特点将发热分为稽留热、弛张热、间歇热三型，以观察、分析病情变化（表4-6）。

10. 呼吸次数测定

牛在体温升高、心衰、贫血、肺炎等疾病时，呼吸次数会发生明显变化。呼吸次数的测定方法见图4-40至

①体温曲线：画一个坐标，横轴代表时间，纵轴代表体温，把不同时间测量的体温记录下来，这些记录点连起来就形成一定形状的曲线。根据体温曲线的形状可以帮助诊断病情。

表 4-6　不同热型的温度波动范围和常见病症

热 型	稽留热	弛张热	间歇热
体温波动范围	持续高热，且每天温差在1℃以内	体温升高超过正常值，且每天温差在1℃以上	有热期与无热期交替出现
常见病症	炭疽、牛肺疫、流感、大叶性肺炎等	见于败血症、小叶性肺炎、化脓性疾病等	见于慢性结核病、锥虫病、焦虫病等

图 4-42。牛的呼吸次数范围比较大，安静状态下每分钟呼吸 16～20 次。

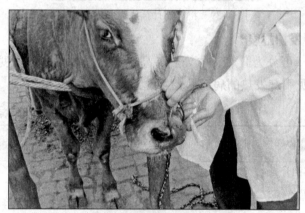

图 4-40　用一纸条测每分钟呼出气流即可测知呼吸次数

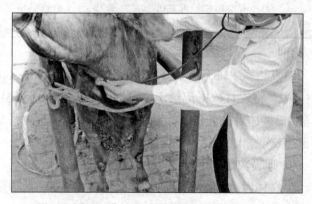

图 4-41　听诊每分钟气管呼吸音

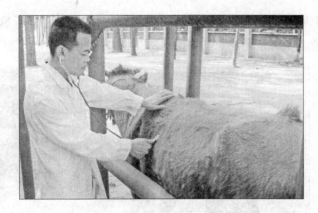

图 4-42　听诊每分钟肺泡呼吸音

11. 脉搏检查

脉搏检查是通过检查每分钟心跳的次数来诊断疾病的方法。牛的心跳可通过触摸尾中动脉来测量（图 4-43）。也可用听诊器直接听诊，内容见"心脏检查"部分。奶牛心率一般为 60～80 次 / 分。

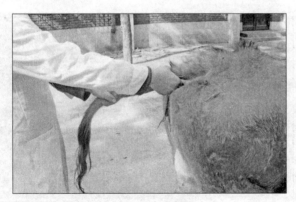

图 4-43　触摸尾中动脉①

12. 心脏检查

▶ 心脏听诊

心脏听诊部位在左侧心区，3～5 肋间，胸壁下 1/3。动物柱栏内保定，助手将牛左前肢向前移半步。术者戴

①术者站于牛正后方，左手抬起尾巴。右手拇指放于尾根背部，用食指与中指贴着尾根腹面触诊尾中动脉。

上听诊器站于牛左侧，手持集音头，平放于心区听诊心音，眼的余光注意动物的头部（图4-44）。

图4-44　心脏听诊

心脏叩诊

　　叩诊部位在左侧肘后心区。助手将牛左前肢拉向前方半步。术者一只手持叩诊锤，另一只手持叩诊板。将叩诊板密贴心区，叩诊锤垂直地向下叩击，而后快速离开（图4-45）。

图4-45　心脏叩诊

13. 肺脏检查

肺脏叩诊

　　动物柱栏内保定。先画出肺脏的叩诊区（图4-46）：上界为距背中线一掌宽与脊柱平行的直线；前界自肩胛骨后角沿肘肌向下画类似 S 形的曲线，止于第 4 肋间；后界由三点决定，上界与第 12 肋骨的交点，髋结节水平线与第11 肋间相交点，肩关节水平线与第 8 肋间相交点，将这三点连起来止于第 4 肋间。

图 4-46　肺脏叩诊[①]

肺脏听诊

听诊区与叩诊区相同。术者正确戴上听诊器，站在欲检侧，一只手按在胸背部作支点，另一只手持听诊器集音头，紧贴胸壁听诊，把听诊区分成上、中、下三部分，先听中部，由前向后；再听上部，最后听下部。

14. 口腔与鼻腔检查

检查方法见图 4-47 至图 4-49。

图 4-47　徒手开口检查口腔[②]

[①] 术者一只手持叩诊板，另一只手持叩诊锤进行板锤叩诊。将叩诊板顺着肋间隙纵放、密贴，将叩诊锤垂直地向叩诊板作短促叩诊，每点连续叩击 2~3 下。叩诊可由前向后叩诊，也可沿肋间隙自上而下叩诊。

[②] 术者站于牛头侧方，一手捏住鼻中隔向上提举，另一手从口角横向伸入口腔并握住舌体拉出下压，即可打开口腔。

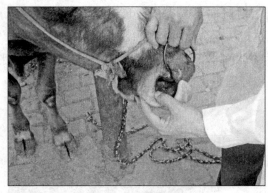

图 4-48　单手检查鼻腔①

①术者站在牛头一侧，一手握住鼻环，将头抬起，一手打开鼻腔，观察黏膜。

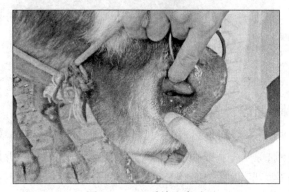

图 4-49　双手检查鼻腔

15. 瘤胃检查

检查方法见图 4-50 至图 4-54。

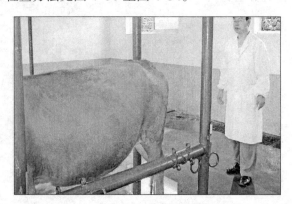

②术者站在牛的正后方，观察左腹部的突起情况。

图 4-50　瘤胃视诊②

图 4-51　用手掌进行瘤胃触诊①

①术者站在牛的左侧,左手按在牛腰背部作支点,右手触诊:按压触诊、冲击触诊。

图 4-52　用拳进行瘤胃触诊②

②将拳放在左侧肷窝,强力触诊,感知瘤胃蠕动和内容物性状。

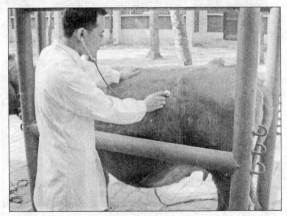

图 4-53　瘤胃听诊③

③术者站在牛的左侧,戴上听诊器,左手按在牛腰背部作支点,右手持集音头,于左髂部听诊。

57

图 4-54　瘤胃叩诊①

①术者站在牛的左侧，左手持叩诊板，右手持叩诊锤，在左髂部叩诊。

16. 网胃检查

网胃的检查部位：在左侧心区后方腹壁下 1/3，相当于第 6~8 肋间，剑状软骨上方，见图 4-55、图 4-56。

图 4-55　抬杠压迫法检查网胃②

②术者站于牛左侧，助手站于右侧，两人抬杠压迫网胃区，压迫后迅速放下。

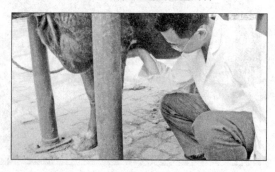

图 4-56　用手掌强力触诊网胃③

③术者半蹲于牛左侧，右手肘部支撑在右膝上，手掌顶在网胃区，术者用腿部力量推动右手检查。

17. 瓣胃检查

瓣胃的检查部位位于腹腔右侧第 7～9 肋间，肩关节水平线上、下 3 厘米范围内，见图 4–57、图 4–58。

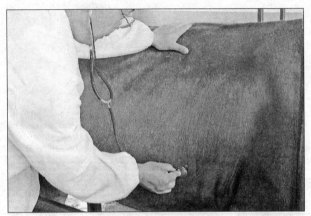

图 4–57　瓣胃听诊①

①术者站于牛右侧，戴上听诊器，左手按在牛腰背部作支点，右手持集音头，密贴瓣胃区听诊。

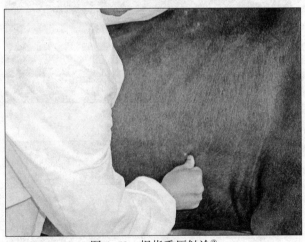

图 4–58　拇指重压触诊②

18. 皱胃检查

皱胃的检查部位

位于右腹部，与第 9～11 肋间相对应的肋骨弓下。

检查方法见图 4–59 至图 4–61。

②术者站于牛右侧，左手按在胸背部作支点，右手触诊。

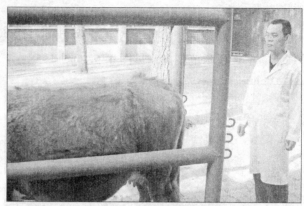

图4-59　皱胃视诊

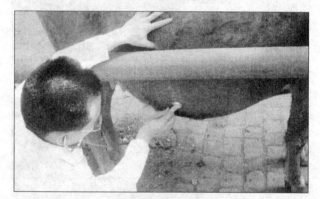

图4-60　皱胃听诊①

①术者站于牛右侧，戴上听诊器，左手按在牛腰背部作支点，右手持集音头，密贴皱胃区听诊。

图4-61　皱胃切入触诊

19. 肠管检查

➤ 肠管检查的部位

在腹腔右髂部,盲肠在右髂部上 1/3,结肠在右髂部中 1/3,空肠在右腹股沟部、右髂部下 1/3。术者站于动物右侧,戴上听诊器,左手按在背部作支点,右手持集音头,密贴欲检部位听诊。触诊时术者站于牛右侧,左手按在腰背部作支点,右手进行按压触诊、冲击触诊等(图 4–62 至图 4–64)。

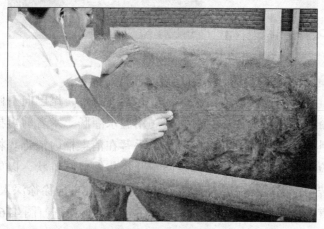

图 4–62　肠音听诊

图 4–63　肠管按压触诊

图 4-64　肠管冲击触诊

▶ 直肠检查方法

　　将牛在柱栏内保定，挂上腹带、背带，尾巴向一侧吊起。用温水冲洗肛门周围。用温水灌肠。术者剪短指甲并磨光，戴上乳胶手套。两手臂在消毒桶内消毒。将检手拇指放于掌心，其余四指并拢集聚成圆锥状，以旋转动作通过肛门进入直肠。术者手沿肠腔方向徐徐深入，直至检手被直肠狭窄部肠管套住方可进行检查（图 4-65 至图 4-67）。

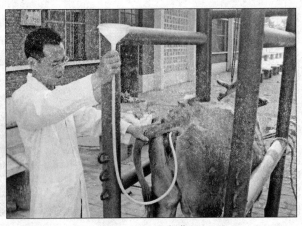

图 4-65　温水灌肠

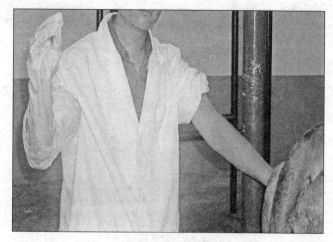

图 4-66　手臂消毒，带乳胶手套

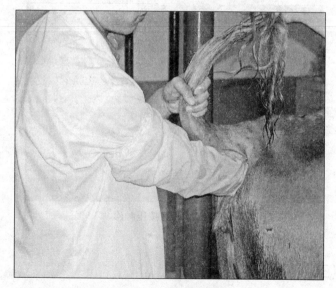

图 4-67　直肠检查

20. 肾脏检查

将牛在柱栏内保定。术者站于牛一侧，用力按压腰背部，也可用拳叩击腰背部（图 4-68）或一手四指并拢向腰椎腹侧切入触诊或直肠内触诊（图 4-69）。

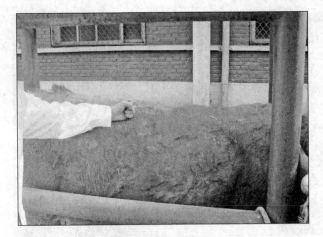

图 4-68　肾区叩诊

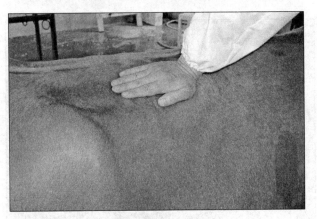

图 4-69　肾区按压触诊

（三）治疗方法

目标 ●掌握牛病的常用治疗方法

1. 口服给药

口服给药是将药物和饲料、饮水等混合后摄入，或人工将药物放入牛的口腔，迫使其吞咽下去的方法（图4-70、图4-71）。

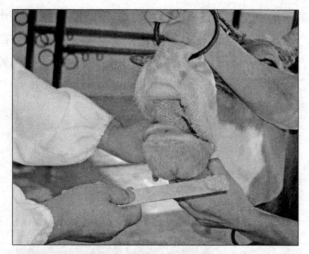

图 4-70　糊状药物口服方法①

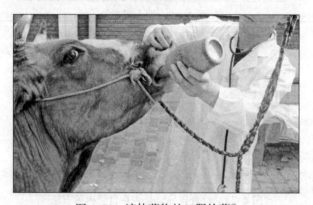

图 4-71　液体药物的口服给药②

①将牛在柱栏内保定。术者一只手握住鼻中隔，另一只手从一侧口角插入并打开口腔，轻压舌头，助手持木板刮取舔剂，自另一侧口角送入舌根部，松手使其闭口咽下。

②术者一只手握住鼻中隔，抬高头部；另一只手持盛药的药瓶自口角伸入并送入舌背部，抬高药瓶后部，轻压药瓶使药液流入，配合动物的吞咽动作灌完为止。

2. 胃导管投药

将牛在柱栏内保定。将胃导管屈曲，将插入端涂上少量石蜡油。术者站于右前方，用左手握住鼻端并掀起外侧鼻翼，右手持胃导管，通过左手的指间沿鼻腔底壁徐徐插入胃导管，到达咽部后轻轻抽动，刺激咽部引起吞咽，伴随其吞咽动作而将胃导管插入食道（图 4-72）。

判断胃管是否插入食道：将捏扁洗耳球安于胃管外端，洗耳球不鼓起；将胃管外端放耳边听诊，可听到不规则的咕噜声，但无气流冲耳；将胃管外端浸入盆内，水内无气泡发生。确定在食管后，安上漏斗，先投给少量清水，而后投药。投药结束，再以少量清水冲净胃管内容物后，将胃管对折，徐徐抽出（图4-73至图4-75）。

图 4-72　插入胃导管

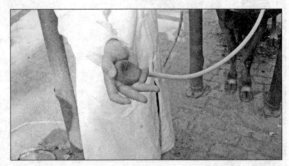

图 4-73　检查胃导管是否在食管内的方法①

①将捏扁的洗耳球接入胃导管外端，洗耳球不鼓起，证明插入正确。

图 4-74　胃导管投药

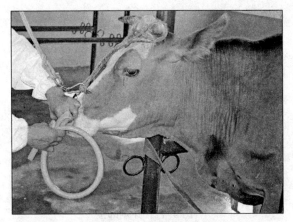

图 4-75　拔出胃导管

3. 瘤胃穿刺

穿刺部位：左侧髂骨外角向最后肋骨所引水平线的中点，距腰椎横突 10 厘米。将牛在柱栏内保定。术部剪毛，刮毛，消毒，做一个 1 厘米的切口。术者左手将局部皮肤稍向前移，右手持穿刺针向对侧肘头方向刺入，然后固定套管，拔出针芯。如针孔阻塞，可用针芯通透，也可用套管向瘤胃内注入制酵剂。穿刺结束后，插上针芯，用手压定针孔周围的皮肤后，拔出穿刺针（套管针）（图 4-76 至图 4-80）。

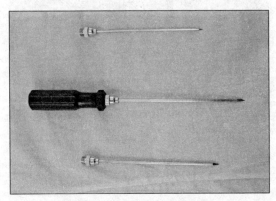

图 4-76　穿刺针（套管针）

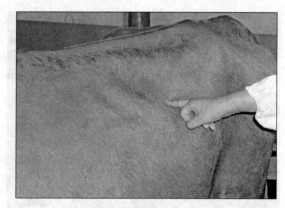

图 4-77　穿刺部位

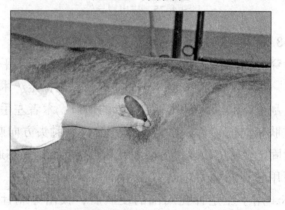

图 4-78　瘤胃穿刺

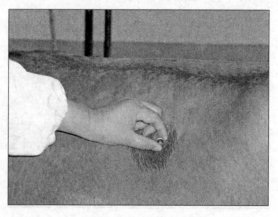

图 4-79　放　气

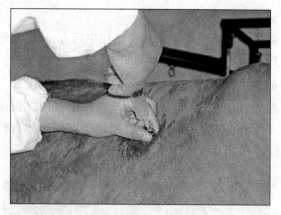

图 4-80　通过套管向瘤胃内注入药物

4. 瓣胃注射

注射部位：右侧第 8 肋间与肩关节水平线相交点。抽取石蜡油、生理盐水各 20 毫升。术部剪毛，消毒：先用碘酊消毒，再用酒精脱碘。术者左手稍移动皮肤，右手持穿刺针垂直刺入皮肤后，使针头转向对侧肘头方向，刺入瓣胃内后，注入生理盐水，再回抽的液体应混有食糜（图 4-81），注入药物。注完后，拔出针头，局部消毒。

图 4-81　检查针头是否刺入瓣胃内：
先注入生理盐水后回抽混浊

5. 子宫冲洗

将牛在柱栏内保定。术者站在牛后方一侧,消毒外阴部,用阴道扩张器,缓慢打开阴道,看到子宫颈口。将消毒好的子宫冲洗器徐徐插入子宫颈口,再缓慢导入子宫内,然后按压加压阀,冲洗液便流入子宫内,快流完时放低子宫外一端,借助虹吸作用使子宫内液体自行流出(图 4-82 至图 4-84)。

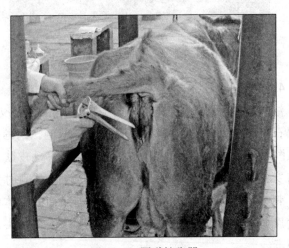

图 4-82　阴道扩张器

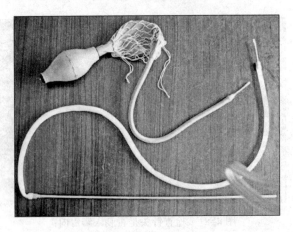

图 4-83　子宫冲洗器

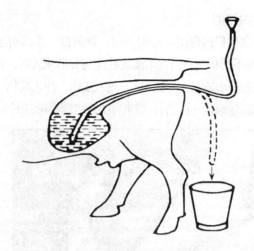

图 4-84　子宫冲洗示意图

6. 皮下注射

　　注射部位：颈侧部。术部剪毛，消毒：先用碘酊消毒，再用酒精脱碘。术者左手中指和拇指捏起皮肤，食指下压皱褶呈窝状，右手持连接针头的注射器。从皱褶陷窝处刺入皮下 2 厘米后，左手把持针头，右手将药物注入皮下。左手持酒精棉球按压注射部位，右手拔出针头，局部消毒（图 4-85）。

图 4-85　皮下注射

7. 皮内注射

将牛在柱栏内保定。注射部位：颈侧部。术部剪毛，消毒。术者左手拇指与食指将术部皮肤捏起并形成皱褶，右手持注射器，针头与皮肤呈一定角度，刺入皮内，注入药物，局部形成一小球状隆起。注完后，拔出针头，术部消毒（图4-86）。

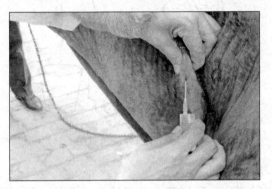

图 4-86　皮内注射

8. 肌内注射

注射部位：臀部或颈侧部。术部剪毛，消毒。抽取药液，排除空气。术者左手持注射器，右手持针头，先将针头垂直刺入肌内，接上注射器，回抽注射器无血液回流，则注入药液。注完后，左手持酒精棉球按压注射部位，右手拔出针头（图4-87、图4-88）。

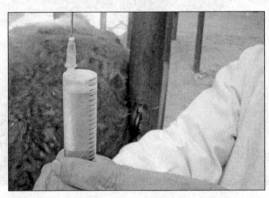

图 4-87　注射前先排除空气

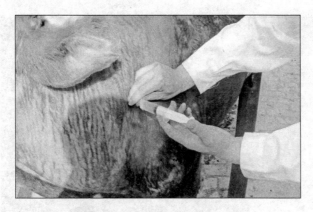

图 4-88　颈部肌内注射

9.静脉注射

注射部位：颈静脉的上 1/3 与中 1/3 交界处。取出输液器与盐水瓶连接，换上 12 号针头，挂在输液架上。术部剪毛，消毒。术者用左手拇指压在注射部位下方 2 厘米处的颈静脉沟上，使脉管充盈怒张，右手持针头，使针尖与皮肤呈 30° ~ 45° 角，迅速刺入静脉内，见有回血后固定针头。松开输液开关并调整输液速度。输完后，左手持酒精棉球按压注射部位，右手拔出针头（图 4-89、图 4-90）。

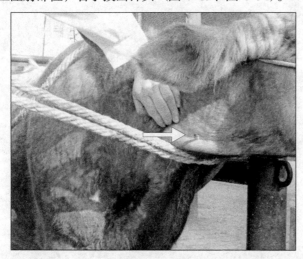

图 4-89　针头刺入静脉（箭头指向针头）

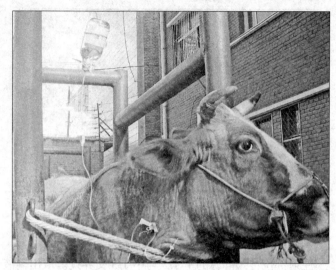

图 4-90　静脉注射

五、牛常见传染病的防治

传染病是危害养牛业最严重的一类疾病，它不仅造成牛只大批死亡和奶产品损失，而且还能给人民健康带来严重威胁。因此，认识牛传染病并积极做好防治工作对于发展养牛业和保障人民健康具有十分重要的意义。

（一）口蹄疫

目标　●掌握口蹄疫的病因、症状
　　　　●认识防治口蹄疫的重要性

口蹄疫是由口蹄疫病毒（图 5-1）引起的一种发热性传染病，临床特征是口、蹄、乳房发生水疱，甚至糜烂。本病传染性强，造成的经济损失很大，是世界动物卫生组织规定的 A 类烈性动物传染病，《中华人民共和国动物防疫法》规定的一类动物疫病。

1.病因

口蹄疫病毒[1]，有 7 种血清型，即 A、O、C、南非 1、南非 2、南非 3 和亚洲 1 型，目前在我国流行的口蹄疫病毒有亚洲 1 型和 O 型两个血清型，O 型临床症

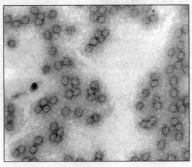

图 5-1　口蹄疫病毒，近似圆形

[1]口蹄疫病毒属于微核糖核酸病毒科中的口蹄疫病毒属，在不同条件下容易发生变异，型间无交叉免疫反应。

状轻，而亚洲 1 型病情较重。

病牛是主要的传染源，主要经呼吸和消化道感染，既有蔓延式又有跳跃式传播，一年四季都可发生，常有一定的周期性①。

2. 症状

见图 5-2 至图 5-10。

◆ 病牛主要症状是口腔黏膜发生水疱。

◆ 蹄部发生水疱、烂斑、病牛跛行。

◆ 病牛乳房、乳头皮肤出现水疱、烂斑。

◆ 哺乳犊牛突然死亡②。

①每隔 1～2 年或 3～5 年流行一次。

②犊牛病死率 20%～40%，成年牛病死率不高，一般不超过 5%。

```
发热(40～41℃)，闭口流涎
        ↓
      1～2 天
        ↓
唇内面、齿龈、舌面、颊黏膜发生水疱
        ↓
水疱破溃，形成烂斑，体温下降，症状好转
```

图 5-2 病牛闭口流涎

(引自王春璇)

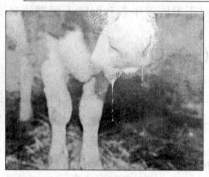

图 5-3 病牛流出黏稠口涎

(引自宣长和)

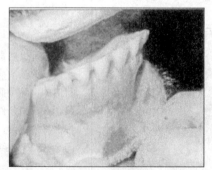

图 5-4 病牛唇内面、齿龈溃烂

(引自齐长明)

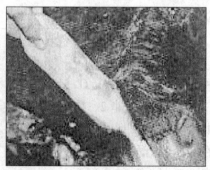

图 5-5 病牛舌面水疱、溃烂

(引自王春璇)

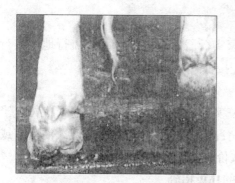

图 5-6　病牛蹄球裂开，跛行
（引自王春璈）

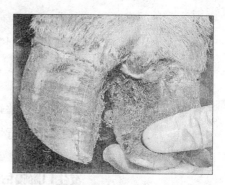

图 5-7　病牛蹄叉水疱、破溃

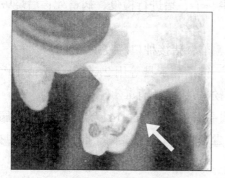

图 5-8　病牛乳头水疱
（引自宣长和）

图 5-9　病牛乳头溃疡
（引自宣长和）

图 5-10　犊牛口蹄疫急性死亡
（引自王春璈）

3. 防治

无口蹄疫国家实行屠宰政策，口蹄疫流行地区实行隔离、检疫和免疫接种。

常规防疫

我国牛口蹄疫实行强制免疫，疫苗的选择应符合当口蹄疫的流行情况，可采用牛口蹄疫 O 型灭活疫苗或 O 型－亚洲 1 型双价灭活疫苗进行免疫。

发生口蹄疫后的扑灭措施

◆ 立即上报疫情①，实行封锁②。

◆ 疫区内的牛、羊、猪进行检疫，病畜死亡后烧毁深埋。

◆ 未感染的牛、羊、猪接种口蹄疫疫苗。

◆ 污染的圈舍、饲槽、工具等用 2%氢氧化钠或 10%石灰乳或 1%～2%福尔马林喷洒消毒。

◆ 最后一头病牛痊愈或死亡 14 天后，没有新病例出现，彻底消毒，报请上级部门批准后解除封锁。

（二）牛流行热

目标
- 了解牛流行热的病因和发病特点
- 掌握牛流行热的症状和防治方法

牛流行热是由病毒引起的急性、发热性传染病，又叫三日热或暂时热，在我国某些地方曾称为牛流行性感冒。主要症状是发热、呼吸急促、流泪、流涎、流鼻涕以及四肢关节疼痛、跛行。

1. 病因

牛流行热病毒③主要侵害黄牛和奶牛，高产奶牛容易发病，发病率高，病死率低，多数牛能耐过，牛流行热病牛体温、呼吸、脉率变化见图 5-11。

① 《中华人民共和国动物防疫法》规定：任何单位和个人发现患有疫病或疑似疫病的动物，都应及时向当地动物防疫监督机构报告，任何单位和个人不得瞒报、谎报、阻碍他人报告动物疫情。

② 封锁是指当发生重要传染病时，采取行政手段，实行强制性措施，把疫源地封闭起来，严禁疫区出入，从而把疫情控制在最小范围之内，就地扑灭。

③ 牛流行热病毒属弹状病毒科，呈子弹形或圆锥形。

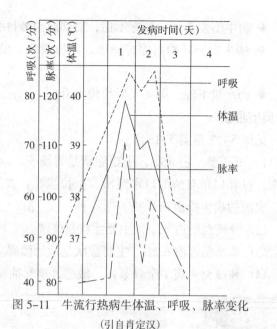

图 5-11　牛流行热病牛体温、呼吸、脉率变化

(引自肖定汉)

发热期病牛的血液中含有病毒，主要通过蚊、蠓、蝇的叮咬而传播。

发病季节主要是在炎热多雨、蚊蝇及吸血昆虫多的季节，我国每 3 ~ 5 年发生一次地方性流行或每 7 ~ 12 年出现一次大流行。

2. 症状

➤ **共同症状**

◆病牛精神委顿，低头发呆，采食减少或不吃。

◆ 突然高热达 41 ~ 42℃，连续 2 ~ 3 天，心跳每分钟 100 ~ 130 次，呼吸次数每分钟 80 次。

◆ 病牛不爱活动，站立不稳，肘部肌肉颤抖明显。

◆ 病牛发病开始时停排粪尿，以后粪便干黑，有血丝。

◆ 奶产量下降，第4天后缓慢上升。

▶▶ **典型症状**

见图5-12至图5-15。

（1）消化型　占45%，主要症状是胃肠炎。病牛用脚踢腹，鼻和口角有清凉口水流出，呈拉线样；粪黑、干、少，腹泻的病牛排血汤样粪。

（2）呼吸型　占47%，主要症状是气喘。

（3）瘫痪型　占6.2%，主要症状是运动障碍。

（4）神经型　病牛全身紧张，敏感，痉挛抽搐。

图5-12　病牛口角流出多量泡沫样液体
（引自郑明球）

图5-13　病牛严重关节炎，倒地，震颤
（引自张晋举）

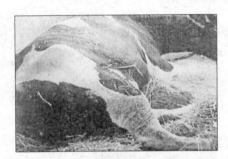

图5-14　病牛卧地不起，易引起褥疮
（引自张晋举）

图5-15　病牛舌强直性痉挛
（引自齐长明）

3.防治

◆ 牛舍、运动场等处用敌敌畏或溴氰菊酯喷雾杀虫。

◆ 在病牛的身下多铺垫草，尽量多翻身，防治褥疮。

◆ 对症治疗，治疗本病常用药物的使用方法见表5-1。

表5-1　牛流行热治疗常用药物的使用方法

针对症状	治疗药物	剂　量	用　法
对体温升高、不吃食的病牛	5％葡萄糖盐水	2 000～3 000毫升	一次静脉注射，每天2次
	10％磺胺嘧啶液	100毫升	一次静脉注射，每天2次
	30％安乃近	30～50毫升	一次肌内注射，每天2次
对呼吸困难、气喘的病牛	25％氨茶碱	20～40毫升	一次肌内注射，每4小时1次
	6％盐酸麻黄素	10～20毫升	
	地塞米松①	50～75毫克	混合，缓慢静脉注射
	糖盐水	1 500毫升	
对兴奋不安的病牛	甘露醇	300～500毫升	一次静脉注射
	氯丙嗪	每千克体重0.5～1毫克	一次肌内注射
	硫酸镁	每千克体重25～50毫克	缓慢静脉注射
对瘫痪、卧地不起的病牛	25％葡萄糖	500毫升	一次静脉注射，每天1或2次，连续3～5天
	5％葡萄糖盐水	1 000～1 500毫升	
	10％安钠咖	20毫升	
	40％乌洛托品	50毫升	
	10％水杨酸钠	100～200毫升	
	20％葡萄糖酸钙②	500～1 000毫升	一次静脉注射

（三）牛病毒性腹泻

目标 ●了解牛病毒性腹泻的症状和防治方法

牛病毒性腹泻又叫黏膜病，主要症状是发热、腹泻、

①地塞米松虽可缓解呼吸困难，但可引起怀孕的母牛流产，应用时应慎重。

②当多次用钙制剂效果不明显时，可静脉注射25％硫酸镁液100～200毫升。

①牛病毒性腹泻－黏膜病病毒为黄病毒科瘟病毒属成员，用此病毒免疫猪有预防猪瘟病毒感染的作用。

口腔黏膜烂斑、母牛流产及胎儿畸形。

1. 病因

本病是由牛病毒性腹泻－黏膜病病毒①引起的急性传染病。在牛群中任何年龄牛都可以感染，但新生犊牛和6～8月龄的小牛最严重，全年都有发生，以冬、春季较多。病牛的眼、鼻、唾液、粪、精液和血液都有大量的病毒，一般经口感染，怀孕母牛可传染给胎儿。

2. 症状

见表5-2，图5-16至图5-18。

表5-2 牛病毒性腹泻常见病型及主要症状

病 型	主 要 症 状
黏膜病型	发热，流鼻涕，流涎，流泪，鼻镜、舌、口腔溃疡
腹泻型	发热，腹泻②，脱水，消瘦
胎儿感染型	犊牛提前1～1.5个月产出，胎儿死亡或畸形

②腹泻初呈水样，后内含血液和黏液，并常见排出片状的肠黏膜。

图5-16 鼻镜硬腭交界处黏膜糜烂

(引自张晋举)

图5-17 齿龈溃疡糜烂

(引自张晋举)

图5-18 上腭及两颊黏膜糜烂

(引自张晋举)

3. 防治

治疗牛病毒性腹泻常用药物及使用方法见表5-3。

◆ 用牛病毒性腹泻弱毒疫苗①免疫。

◆ 病牛隔离或急宰，严格消毒。

◆ 止泻，防治脱水和电解质紊乱。

◆ 使用抗生素，防止细菌继发感染。

①牛病毒性腹泻弱毒疫苗接种后免疫持续时间较长，但有接种反应，怀孕的牛不宜使用。

表5-3 治疗牛病毒性腹泻常用药物及使用方法

治 疗 药 物	使 用 方 法
5%葡萄糖生理盐水1 000～2 000毫升 海达注射液8～18毫升 维生素C 2～4克 5%碳酸氢钠200～400毫升	混合，静脉注射，每天1次，连用3～4天
双黄连、大青叶等清热解毒类中药及其制剂	肌内注射或口服

（四）牛传染性鼻气管炎

目标 ● 了解牛传染性鼻气管炎的症状和防治方法

牛传染性鼻气管炎是由Ⅰ型牛疱疹病毒引起的一种传染病，病毒主要侵害上呼吸道和生殖道，引起化脓性鼻气管炎、结膜炎和疱疹性外阴－阴道炎、龟头包皮炎。

1. 病因

本病是由Ⅰ型牛疱疹病毒②感染引起的，以育成牛感染较严重。

本病在秋冬寒冷季节较容易流行。

②牛传染性鼻气管炎病毒为疱疹病毒科水痘病毒属，其致病的最大特点是广泛的组织嗜性。

感染牛　→ 呼气 → 空气 →
　　　　→ 唾液 → 接触 →　　　易感牛
　　　　→ 精液 → 配种 →

2. 症状

见表5-4，图5-19至图5-26。

表 5-4　牛传染性鼻气管炎的常见病型和主要症状

病　型	主　要　症　状
呼吸道型	发热达 40℃ 以上，呼吸加快，鼻孔流出大量黏稠的鼻液，红鼻子
结 膜 型	大量眼泪，其后有呼吸道型症状
生殖道型	发生于青年母牛和公牛，发热，频频排尿，阴道黏膜和阴茎上出现大小不等的脓疱，受胎率降低，怀孕母牛往往在 3 个月以内流产

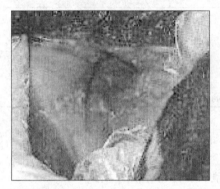

图 5-19　阴道黏膜发红

（引自王春璈）

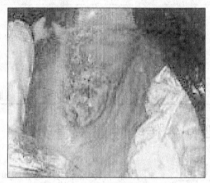

图 5-20　阴道黏膜上有水疱，破溃后形成溃疡

（引自王春璈）

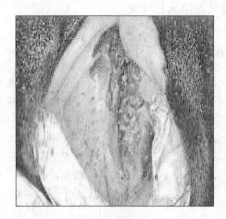

图 5-21　阴道黏膜溃疡，呈颗粒状

（引自王春璈）

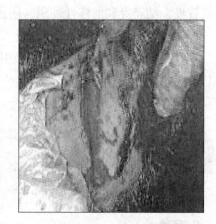

图 5-22　阴道黏膜上有假膜覆盖，呈颗粒状

（引自王春璈）

图5-23　鼻黏膜发炎，红鼻子
（引自张晋举）

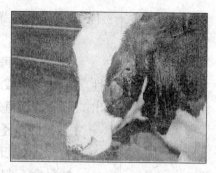

图5-24　眼结膜发炎，流泪，流鼻液
（引自张晋举）

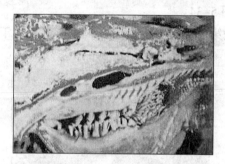

图5-25　鼻腔黏膜有豆腐渣样假膜
（引自张晋举）

图5-26　舌溃疡
（引自张晋举）

3.防治

◆ 引入种牛和精液要严格检疫。

◆ 接种疫苗。

◆病牛立即隔离，治疗没有特效药物，只能补充葡萄糖和抗生素，增强机体抵抗力，防止细菌继发感染。

◆为防止病情蔓延，确诊为临床病牛后，最好予以屠宰。

（五）牛布鲁氏菌病

目标　●了解牛布鲁氏菌病的症状和防治方法

牛布鲁氏菌病是由布鲁氏菌[①]引起的一种人畜共患传染病。主要侵害生殖器官，母牛发生流产、胎衣不下、

①布鲁氏菌属有6个种，不但感染相应种类动物，而且对其他种类动物也有较强的致病性，致使本病能广泛流行。布鲁氏菌对人有很高的致病性，因此，加强本病的监测和控制，对保证人、畜健康极其重要。

不孕，公牛发生睾丸炎和不育。

1. 病因

牛布鲁氏菌病通常由牛布鲁氏菌引起，奶牛有较强的易感性。病牛在流产或产犊时大量的病菌随着胎儿、胎水和胎衣排出，流产后的阴道分泌物、乳汁及种公牛的精液中都含有病菌。

▶ **主要传播途径**

◆ 与病牛交配直接传染。

◆ 采食了被病菌污染的饲料、饮水，通过消化道传染。

2. 症状

见图 5-27 至图 5-34。

◆ 主要症状是第一胎母牛发生流产，流产多发生于

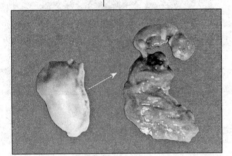

图 5-27　母牛早期感染可使胚胎死亡

（引自宣长和）

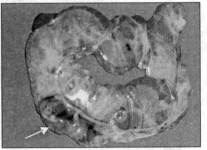

图 5-28　母牛早期感染，胚胎包裹

死亡的胎儿

（引自宣长和）

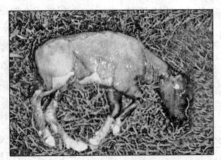

图 5-29　怀孕 7 个月流产的胎儿

（引自宣长和）

图 5-30　胎衣不下

（引自王春璈）

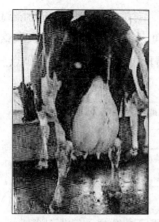

图 5-31　阴门外悬吊少量胎衣，
　　　　　大部分胎衣离断
　　　　　　（引自王春璈）

图 5-32　母牛子宫内膜炎
　　　　　流出血样液体
　　　　　　（引自宣长和）

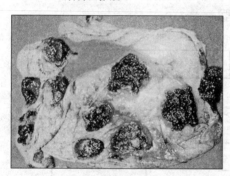

图 5-33　胎盘炎症，子叶上有白色
　　　　　坏死灶，子叶间胎盘增厚
　　　　　　（引自宣长和）

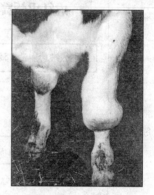

图 5-34　母牛腕关节发炎，
　　　　　肿大、变形

怀孕后 5~8 个月。

◆ 流产胎儿可能是死胎或弱犊。

◆ 产犊后母牛胎衣不下、子宫内膜炎，致使配种不易怀孕。

◆ 病牛常发生关节炎，关节疼痛。

◆ 公牛常发生睾丸炎、附睾炎，失去配种能力。

3. 防治

布鲁氏菌病对牛场和人类危害很大，制订切实有效

①每年定期检疫2次。常用的方法是虎红平板凝集试验，对阳性牛应进行试管凝集试验。

②采集的血液不抗凝，不要剧烈振荡，以免发生溶血。

③一般每分钟3 000转，离心5~10分钟。

的检疫政策和计划，定期检疫①，对检出的阳性牛进行隔离或淘汰，坚持常年防疫消毒制度，消除病原菌的侵入和感染机会，培育健康犊牛，是布鲁氏菌病净化工作的突破点。

▶ 牛布鲁氏菌病的检疫

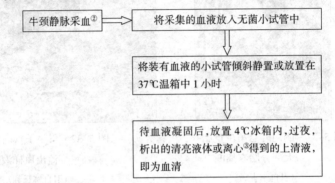

| 牛颈静脉采血② | → | 将采集的血液放入无菌小试管中 |

将装有血液的小试管倾斜静置或放置在37℃温箱中1小时

待血液凝固后，放置4℃冰箱内，过夜，析出的清亮液体或离心③得到的上清液，即为血清

▶ 虎红平板凝集试验

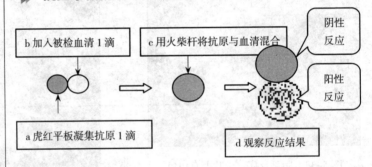

b 加入被检血清1滴

c 用火柴杆将抗原与血清混合

阴性反应

阳性反应

a 虎红平板凝集抗原1滴

d 观察反应结果

（六）牛结核病

目标 ● 了解牛结核病的症状和检疫方法

结核病是一种人畜共患的慢性传染病。牛结核病的流行对畜牧业和人类的健康产生了巨大影响。

1. 病因

④分支杆菌属分3个型，即人型、牛型、禽型，其中牛型菌对牛的致病力最强，人型和禽型感染都不影响牛的健康。

牛结核病是由牛分支杆菌④引起的，奶牛最容易感染，病菌随唾液、气管分泌物、粪、尿、精液、乳汁等污染空气、水、饲草料、牛奶及奶制品、饲槽、用具和土壤等，通过呼吸道、消化道和交配传播。

2. 症状

见表5-5。

表5-5 牛结核病的主要症状

病　　型	临　床　症　状
肺结核病	奶牛多发，长期干咳，清晨明显，吃食正常，逐渐消瘦，重者呼吸困难
乳房结核病	后两乳区患病多，乳房硬结，无热、无痛，乳房表面高低不平，泌乳量低，乳汁稀薄，严重的病牛乳腺萎缩，停止泌乳
肠结核病	食欲不好，消化不良，消瘦，无力，腹泻，粪带脓血，腥臭
淋巴结核病	淋巴结肿大，无热、无痛

▶ 结核病牛病灶的分布

结核病牛病灶分布见表5-6。发生结核病的病牛脏器可出现特异性结节（图5-35至图5-38）。

表5-6 结核病牛病灶分布

部位	肺	胸膜	乳房	咽喉	子宫	肠	肝	肾	淋巴	合计
头数	148	3	9	8	4	2	1	1	1	177
比例（%）	83.6	1.7	5.1	4.5	2.2	1.1	0.6	0.6	0.6	100

图5-35 肺脏结核结节
（引自王春璈）

图5-36 乳腺结核结节
（引自王春璈）

3. 防治

◆ 奶牛场每年必须进行2次结核病检疫，于春秋季节进行。

◆ 阳性牛立即调出隔离，淘汰病牛。

◆ 病牛污染的地面、食槽用20%石灰乳、10%漂白粉消毒。

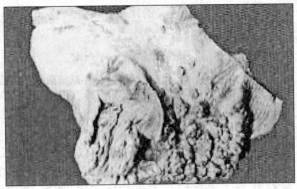

图 5-37　心外膜有大量结核结节，
　　　　俗称"珍珠病"
　　　　（引自王春璈）

图 5-38　子宫黏膜结核
（引自王春璈）

①提纯牛结核菌
素：液体菌素直接
使用；冻干制品在
用前用注射用水或
生理盐水稀释成每
毫升含 10 万单位。

牛结核病检疫方法

　　牛结核病检疫常采用提纯牛结核菌素①皮内注射法。
操作过程如下（图 5-39 至图 5-43，表 5-7）：

图 5-39　用剪毛剪在牛颈部一侧上 1/3 处剪毛，直径 10 厘米

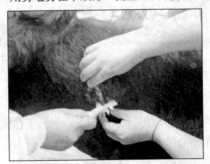

图 5-40　用游标卡尺在剪毛处中央测量皮肤皱褶
　　　　初始厚度，读数，记录数值

图 5-41 先用碘酒消毒（左），再用 70%酒精消毒（右）

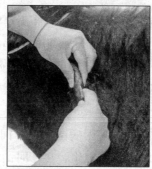

图 5-42 用 1 毫升的蓝芯一次性注射器吸取牛提纯结核菌
素，每头牛皮内注射 0.1 毫升（即 1 万单位）

72 小时后，观察注射部位有无炎性反应，并用游标卡尺测
量皮肤皱褶厚度，计算皮厚差（即比原来增加的数值）

依据判定标准，判定反应结果

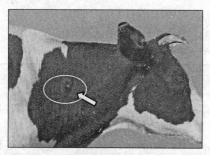

图 5-43 结核菌素皮内试验阳性反应牛

①可疑反应牛于第一次检疫 60 天后进行复检，结果仍为可疑时，经 60 天后再复检，若仍为疑似反应，可判为阳性牛。

②阳性结核牛，在第一次检疫 30~50 天进行第二次检疫，后每隔 1~1.5 个月进行一次检疫，在 6 个月内连续 3 次检疫，不再有阳性病牛出现，可认为是健康牛。

③大肠杆菌广泛存在于自然界以及正常动物和人的肠道中，在肠道内能抑制其他细菌生长，但有一些大肠杆菌具有致病性，能产生内毒素和肠毒素，而使动物发病，这些具有致病性的大肠杆菌叫做病原性大肠杆菌。

表 5-7　牛结核菌素皮内注射判定标准

判定结果	炎性反应	皮厚差	记录符号
阴性	无	<2 毫米	－
可疑①	不明显	2~3.9 毫米	±
阳性②	明显	≥4 毫米	＋

（七）犊牛大肠杆菌病

目标 ● 了解犊牛大肠杆菌病的发病原因、症状，掌握其诊断和防治方法

犊牛大肠杆菌病又叫犊牛白痢，是由致病性大肠杆菌③引起初生犊牛的一种腹泻性传染病。

1. 病因

犊牛多因病菌污染了饲料及饲喂用具经消化道感染，或因产房不卫生，接产时消毒不严，可经脐带感染。

母牛的营养不良、初生犊牛未及时吃到初乳、喂奶用具不清洁、犊牛舍内潮湿、阳光不足、受寒、粪便不清除、褥草不勤换、圈舍不消毒等不良的饲养管理条件可促使犊牛发病。

10 日龄以内的犊牛发病较多，尤其是 1~3 日龄的犊牛发病最多，病初常见犊牛吃过第一次初乳后发病，随着流行加剧，出生后尚未吃初乳的犊牛也见有严重的腹泻发生。

2. 症状

见表 5-8、图 5-44、图 5-45。

表 5-8　犊牛大肠杆菌病的主要症状

病　型	发病日龄	主　要　症　状
败血型	3 日龄以内的新生犊牛	体温升高到 40℃以上，虚弱无力，不吃奶，腹泻粪便为淡黄色，水样带血丝，眼窝塌陷，鼻端发凉，卧地不起，很快死亡
肠炎型	3 日龄以上的犊牛	腹泻，排淡黄、灰白色粥样或稀汤样粪便，肛门失禁，脱水衰竭死亡；及时治疗可康复，但生长缓慢

图 5-44　犊牛因腹泻而精神沉郁，全身
　　　　　无力，卧地不起
（引自宣长和）

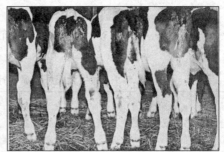

图 5-45　犊牛因腹泻粪便污染肛门、
　　　　　尾部和后腿
（引自宣长和）

犊牛大肠杆菌病病死犊牛

尸体消瘦，眼窝塌陷，黏膜苍白；第四胃（真胃、皱胃）黏膜出血，有黏液，胃内有黄白色凝乳块；肠道内有黄色黏稠的粪便，混有血液和气泡，腥臭，肠黏膜出血、脱落。

3. 防治

母牛的饲养管理

怀孕母牛特别是怀孕后期母牛饲养管理的好坏，直接影响胎儿的生长发育和初乳的质量。

◆ 怀孕的母牛应供应足够的蛋白质、矿物质和维生素饲料。

◆ 产房要保持清洁、干燥；适当运动。

◆ 饲料要保证粗料喂量，控制精料喂量。

新生犊牛护理

对新生犊牛的护理主要是指接产、犊牛床及饮乳清洁卫生，增强犊牛抗病力，减少致病性大肠杆菌感染的机会。

◆ 做好接产准备，对犊牛用具用 2% 来苏儿消毒，犊牛脐带用 10% 碘酊浸泡。

◆ 犊牛舍要清洁卫生，温度应在 16 ~ 19℃，牛床应用 2% 火碱消毒，褥草要干燥、清洁。

◆ 及时饲喂初乳。

> **治疗**

治疗原则是抗菌、消炎，补液、补碱，调节胃肠机能（表5-9、表5-10）。

表5-9　犊牛大肠杆菌病治疗常用抗菌消炎药物及用法

常用药物	用法、用量
庆大霉素	每千克体重1毫克，内服
氟哌酸、鞣酸蛋白	氟哌酸1 000毫克、鞣酸蛋白30克，混合一次喂服，每天2次，配合庆大霉素40万单位，一次注射
新霉素、链霉素	每千克体重10～30毫克，一次肌内注射，每天2次；或按每千克体重30～50毫克，一次内服，每天2～3次，连服3～5天
止痢灵（促菌生）	5克，一次内服，每天2次，共服3～4次

表5-10　治疗犊牛大肠杆菌病常用补液药物及用法

药物名称	剂　　量	用　　法
5%葡萄糖生理盐水	1 000～2 000毫升	一次静脉注射，每天2～3次
25%葡萄糖液	200～300毫升	
5%碳酸氢钠液	100～150毫升	
维生素C	5～10克	
10%安钠咖	5毫升	

鱼石脂乳酸液每次喂5毫升，每天2～3次，能起到保护胃肠黏膜、减少毒素吸收、调整胃肠功能的作用。

六、牛常见寄生虫病的防治

（一）牛焦虫病

目标 ● 了解牛焦虫病的病原特点、症状，掌握其诊断和防治方法

牛焦虫病是由双芽巴贝斯虫、牛巴贝斯虫或泰勒虫寄生于牛的血液引起的一种寄生性原虫病。该病由蜱①传播，又称蜱热，临床上常出现血红蛋白尿，故又称红尿热。其典型特征是高热稽留、严重贫血、黄疸和血红蛋白尿。该病对牛的危害很大，奶牛最易感染，如不及时治疗，死亡率很高。

① 中间宿主蜱包括全沟硬蜱、青海血蜱和残缘璃眼蜱等。

1. 病原

引起焦虫病的病原属于寄生于血液的微小虫体，用显微镜才能看到。焦虫有双芽巴贝斯虫、牛巴贝斯虫、泰勒虫3种。它们在血液中的寄生位置和形态特征不同

表6-1 焦虫病病原形态区别

病　　原	双芽巴贝斯虫	牛巴贝斯虫	泰勒虫
寄生位置	多位于红细胞中央	大部分位于红细胞边缘	配子体位于红细胞，裂殖体位于淋巴细胞或巨噬细胞内或细胞外
形态	虫体长度大于细胞半径，多形性，典型是成双梨籽形，尖端相连成锐角	虫体长度小于细胞半径，多形性，成双虫体以尖端相连成钝角	多形性，配子体戒指状或杆状常见

（表 6-1，图 6-1 至图 6-3）。

图 6-1　红细胞内不同形状的双芽巴贝斯虫

红细胞中卵圆形虫体　红细胞中圆环形虫体　红细胞中逗点形虫体　红细胞中杆形虫体

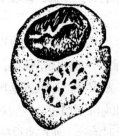

游离的裂殖体

巨噬细胞中的裂殖体

图 6-2　寄生于牛体的不同焦虫形态

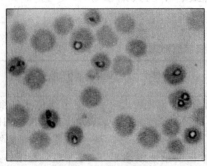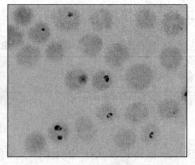

红细胞内牛巴贝斯虫　　　　　　　　　红细胞内环形泰勒虫

图 6-3　显微镜下的焦虫

2. 流行特点

本病有明显的季节性，常呈地方性流行，多发于夏秋季节和蜱类活跃地区。由双芽焦虫致发本病的 1 岁小牛发病率较高，症状轻微，病死率低。成年牛与其相反，病死率较高；由牛巴贝斯虫致发本病的 3 月龄至 1 岁的小牛病情较重，病死率较高。成年牛病死率较低。良种肉牛易发本病。牛泰勒焦虫病是由硬蜱传播，幼蜱吸食病牛血液后，血液中的虫体进入蜱内发育，当幼蜱蜕化为成蜱时其唾液腺中有成熟的具有感染力的焦虫子孢子，在成蜱吸食牛血时进入牛体内，首先进入网状内皮系统的细胞内繁殖，然后进入红细胞内成熟，牛焦虫中间宿主蜱的形态见图 6-4。

璃眼蜱腹面　　　　　　　　　　璃眼蜱背面

图 6-4　牛焦虫中间宿主蜱的形态

3. 临床症状

该病潜伏期为 8～20 天，突然发病，体温升高到 40～42℃，呈稽留热。病牛精神萎靡，食欲减退或消失，反刍停止，呼吸和心跳增快，可视黏膜黄染，有点状出血，初期腹泻，中期体表淋巴结显著肿大，为正常的 3～5 倍。尿呈红色乃至酱油色，结膜苍白，黄染，病牛肌肉震颤，卧地不起，最后衰竭死亡。

4. 诊断

根据病畜高热、黄疸、出血和体表淋巴结肿大的特点，可初步做出诊断。通过实验室检查在红细胞内看到虫体可以确诊。同时在放牧地或牛圈周围可发现传播本病的蜱，也有助于对本病的诊断。应与牛伊氏椎虫病相鉴别（表6-2）。

表6-2　焦虫病和伊氏椎虫病的区别

虫　体	焦　虫	伊氏椎虫
水　肿	四肢无对称性水肿	四肢呈对称性水肿
病原体	红细胞内看到虫体	血浆中查到虫体

5. 治疗

▶ **西兽医疗法**

焦虫病的治疗	方法一 → 黄色素	剂量为每千克体重3～4毫克，配成0.5%～1%溶液	静脉注射，隔日1次，连用2次
	方法二 → 贝尼尔	每千克体重3.5～3.8毫克，配成5%～7%溶液	深部肌内注射，隔日1次，连用2次
	方法三 → 阿卡普林	每千克体重0.6～1毫克，配成5%溶液	皮下注射，用药前注射阿托品3～5毫升，减少副作用
	方法四 → 咪唑苯脲	每千克体重2毫克，配成10%水溶液	皮下或肌内注射

▶ **中兽医疗法**

◆ 方一：当归20克、党参20克、炙黄花15克、白术15克、茯苓20克、木香15克、炮姜10克、甘草10克，水煎灌服，每日1剂，连用2剂。

◆ 方二：地骨皮180克，茵陈120克，连翘90克，黄芩、栀子、花粉、柴胡、贯众各60克，木通、黄檗、茯苓、牛蒡子、桔梗各30克，黄连25克。水煎，加蜂蜜60克，水煎灌服，每日1剂，连用2剂。

6.防治

▶ **防止外来牛只带来传染源**

奶牛养殖户在调运牛时，应在调运后进行一次灭蜱处理，隔离饲养 14 天，并进行灭蜱处理，确无此病发生，方可合群饲养。

▶ **环境灭蜱，定期牛体灭蜱**

在 9~11 月期间，当牛体的雌蜱全部落地，爬进墙缝，准备产卵时，用加有敌敌畏的泥土将圈舍内所有洞穴(离地面 1 米高范围内)堵死。圈舍在 10~11 月，可用 0.2%~0.5%的敌百虫或 0.3%的敌敌畏水溶液喷洒圈舍、墙壁、地面等处，杀死越冬的幼蜱，运动场上的围墙、围栏及搭凉棚用的木桩等处，也应仔细喷洒，以杀灭寄生的幼蜱。在 2~3 月使用 0.2%敌百虫喷洒牛体，以杀灭寄生于牛体的成蜱或幼蜱；在 6~7 月此病高发季节，再重复 1 次。

▶ **药物预防**

对在不安全牧场或草地放牧的牛群，于发病季节前，每隔 15 天用贝尼尔预防注射 1 次，每千克体重 2 毫克，配成 7%的水溶液，作臀部肌内注射。也可皮下注射盐酸咪唑苯脲，每千克体重 1~2 毫克，配成 10%的水溶液，对牛的预防期为 2~10 周。

（二）牛附红细胞体病

目标 ● 了解牛附红细胞体病的病原特点、症状，掌握其诊断和防治方法

奶牛附红细胞体病是由奶牛附红细胞体①附着于奶牛红细胞而引起的一种血液寄生虫病。以贫血、黄疸和发热为特征。流行的高峰为夏秋季，这可能与雨水较多、蚊虫滋生有关。在饲养畜禽的农牧区，要特别注意预防附红细胞体病的流行，及时发现动物的流行情况，并加以控制。

①现在附红细胞体的分类方法还没有完全确定，对于附红细胞体的分类仍存在分歧，有报道将其归属为支原体，也有报道将其列为立克次体目无形体科血虫体属，也称附红细胞体属。

1. 病原检测方法

▶ 瑞氏染色法

病牛颈静脉采血，按常规制作血液涂片，自然干燥；加瑞氏染液至完全覆盖血膜为止，3～5分钟；加等量缓冲液4～10分钟；水洗，干燥，镜检。红细胞呈紫红色，附红细胞体呈蓝色，被感染的红细胞呈锯齿状、星芒状、菠萝状等，附红细胞体大小、形状不一，数量不等，在油镜下观察较为清楚，且此方法简单、易于操作，可作为附红细胞体病的诊断依据（图6-5）。

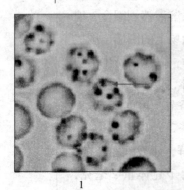 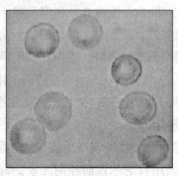

1   2

图6-5 牛红细胞感染附红细胞体后的显微镜照片

1.箭头所示为附红细胞体 2.正常的红细胞形态

▶ 马基阿韦勒染色法

病牛颈静脉采血，按常规制作血液涂片，自然干燥；甲醇固定30秒；蒸馏水一过水洗；用0.25%碱性品红染色30分钟；用0.5%柠檬酸溶液迅速分色3秒；蒸馏水一过水洗；用1%亚甲蓝对比染色20～30秒；水洗，脱水，透明，封固，镜检。结果：附红细胞体呈红－紫红色，红细胞呈蓝色。

2. 流行特点

本病以接触性、垂直性①、血源性及媒介昆虫四种方式传播，其中吸血昆虫蚊、蝇、虱、蠓为主要的传播媒介，多发于高热、多雨且吸血昆虫繁殖滋生的季节。

①垂直性传播指的是病原体由母体直接传染给胎儿的传播途径。

3. 临床症状

患牛明显消瘦，贫血，结膜黄染或苍白。体温 40 ~ 42℃，呈稽留热，可引起胎衣不下，乳房炎、乳房坏死，产后瘫痪等，最后衰弱而亡。

4. 剖检变化

血液稀薄，血凝不良；胸腹两侧皮下呈胶冻样浸润，胸腔和心包积液，呈黄色；心内外膜及胸腹腔浆膜散在出血点。脾脏严重肿大、质软，表面呈灰白色；肝脏肿胀，胆囊充盈；肾肿大，灰黄色。

5. 诊断

依据临床症状、病理变化做出初步判断。

血液涂片染色，显微镜检查，根据虫体多少做出诊断。

6. 治疗

病情严重的可静脉注射复方氯化钠 4 000 毫升，10% 葡萄糖液 3 000 毫升，维生素 C 10 克，静脉滴注；贫血严重的输健康牛血 1 500 ~ 2 000 毫升；为促进红细胞再生，可选用维生素 B_{12}、牲血素等药物；为增进奶牛食欲，可选用健胃散、维生素 B_1 等药物。

（三）牛球虫病

目标 ● 了解牛球虫病的病原特点、症状，掌握其诊断和防治方法

牛球虫病是由艾美耳科艾美耳属的球虫寄生于牛肠道黏膜上皮细胞内引起的原虫病，多发生于犊牛。常以季节性地方散发或流行的形式发生，病死率一般为 20% ~ 40%。疾病的特征为出血性肠炎。

1. 病原

寄生在牛体内的球虫有多种，以邱氏艾美耳球虫和

牛艾美耳球虫致病力最强和最常见。

▶ 邱氏艾美耳球虫

卵囊为圆形或椭圆形，在低倍显微镜下观察为无色，在高倍显微镜下呈淡玫瑰色（图6-6）。孢子形成所需时间是2～3天。主要寄生于直肠，有时在盲肠和结肠下段也能发现。

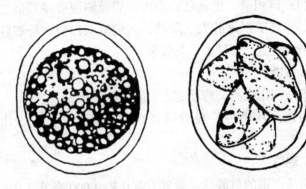

图6-6　邱氏艾美耳球虫卵囊模式

▶ 牛艾美耳球虫

卵囊呈椭圆形，在低倍显微镜下呈淡黄乃至玫瑰色（图6-7）。孢子形成所需时间为2～3天。寄生于小肠、盲肠和结肠。

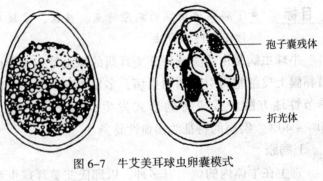

图6-7　牛艾美耳球虫卵囊模式

2. 生活史

牛球虫生活史模式见图6-8。

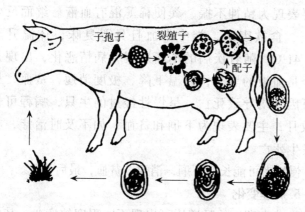

图6-8　牛球虫生活史模式

3. 流行病学

各品种的牛对本病均有感染性，但以2岁以内的犊牛患病严重，死亡率也高。成年牛多半是带虫者。

本病一般多发生在4～9月。在潮湿多沼泽的草场放牧的牛群，很容易发生感染。冬季舍饲期间亦可能发病，主要由于饲料、垫草、母牛的乳房被粪污染，使犊牛易受感染。牛球虫感染率与季节关系见图6-9。

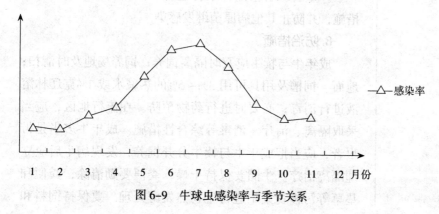

图6-9　牛球虫感染率与季节关系

4. 症状

本病多见于 2 岁以内犊牛，常为急性发作。病初主要表现为精神不振、粪便稀薄混有血液。继而反刍停止、食欲废绝，粪中带血且具恶臭味，体温升至 40～41℃。随着疾病的不断发展，病情恶化，出现几乎全是血液的黑粪，体温下降，极度消瘦，贫血，最终可因衰竭导致死亡。呈慢性经过的牛只，病程可长达数月，主要表现为下痢和贫血，如不及时治疗，亦可发生死亡。

慢性者可能长期下痢，消瘦，贫血，最后死亡。

5. 病理变化

牛球虫寄生的肠道均可出现不同程度的病变，其中以直肠出血性肠炎和溃疡病变最为显著，可见黏膜上散布有点状或索状出血点和大小不等的白点或灰白点，并常有直径 4～15 毫米的溃疡。直肠内容物呈褐色，有纤维性薄膜和黏膜碎片。

6. 诊断

在综合性诊断的基础上，镜检粪便或直肠刮取物，发现大量卵囊即可确诊。

7. 治疗

严重者综合治疗，结合止泻、强心、补液、止血等措施，并防止其他病原菌继发感染。

8. 防治措施

成年牛与犊牛应及时隔离饲养；饲养场地及时清扫；地面、饲槽及用具可用 3%～5% 的热碱水或 1% 克辽林溶液进行消毒；必要时进行药物预防。在流行地区，应当采取隔离、治疗、消毒等综合性措施。成年牛多半是带虫者，应当把成年牛与犊牛分开饲养，发现病牛后应立即隔离治疗。牛圈要保持干燥，粪便要勤清除，粪便和垫草等污秽物集中进行生物热发酵处理。要保持饲料和

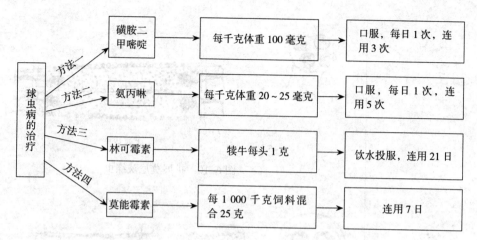

饮水的清洁卫生。

（四）牛绦虫病

目标 ● 了解牛绦虫病的病原特点、症状，掌握其诊断和防治方法

牛绦虫病是由裸头科的多种绦虫寄生于牛的小肠引起的一种寄生虫病，对犊牛危害严重，不仅影响犊牛发育，而且可引起死亡。

1. 病原

▶ 形态

牛绦虫病是由莫尼茨属的扩展莫尼茨绦虫和贝氏莫尼茨绦虫、曲子宫属的盖氏曲子宫绦虫及无卵黄腺属的中点无卵黄腺绦虫（图6-10至图6-13）引起的一种疾病。

2. 传播途径

牛绦虫的传播途径见图6-14。

3. 临床症状

临床上多呈现慢性经过，最初表现为食欲减退，消化不良，被毛粗乱，下痢与便秘交替发生，粪便中混有

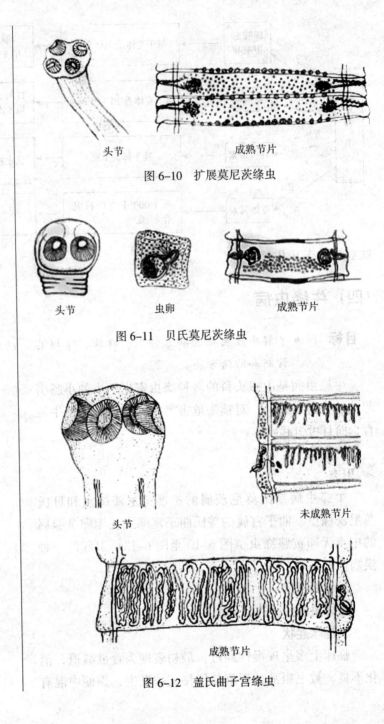

头节　　　　　　　　　成熟节片

图 6-10　扩展莫尼茨绦虫

头节　　　　　　虫卵　　　　　　成熟节片

图 6-11　贝氏莫尼茨绦虫

头节　　　　　　　　　未成熟节片

成熟节片

图 6-12　盖氏曲子宫绦虫

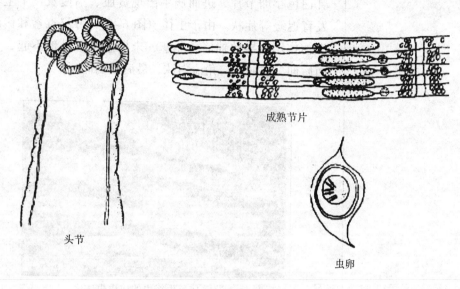

成熟节片

头节

虫卵

图 6-13 中点无卵黄腺绦虫

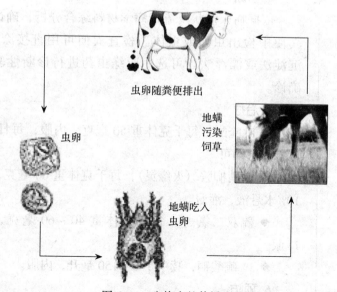

虫卵随粪便排出

地螨
污染
饲草

虫卵

地螨吃入
虫卵

图 6-14 牛绦虫的传播途径

乳白色孕卵节片，进而病牛出现贫血、消瘦及犊牛生长发育迟缓等症状。由于虫体（图6-15）分泌毒素和代谢产物作用会导致抽搐、痉挛，末期患牛常卧地不起，头向后仰，空嚼，口角流白沫，最后衰竭而死。

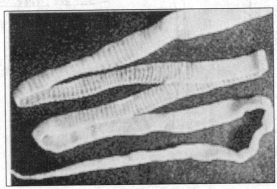

图6-15　牛绦虫的成虫虫体

4. 诊断

依据临床症状及流行病学材料综合分析，确诊需在粪便中检出虫卵或虫体。检查粪便可用直接涂片法、沉淀法或漂浮法。可选用驱绦虫药进行诊断性驱虫以确诊。

5. 治疗

◆ 吡喹酮，每千克体重50毫克，内服，每日1次，连服2次即可。

◆ 氯硝柳胺（灭绦灵），每千克体重60毫克，制成10%水悬液，灌服。

◆ 硫双二氯酚，每千克体重40～60毫克，一次口服。

◆ 1%硫酸铜，犊牛100～150毫升，内服。

6. 预防

◆ 适时进行预防性驱虫，至少春秋季节各进行一次。

◆ 加强粪便管理，将粪便集中进行生物热处理，以消灭虫卵和幼虫。

◆ 放牧奶牛在感染季节应避免在低洼湿润草地放牧，尽可能避免在清晨、黄昏和雨天放牧。

（五）牛螨病

目标 ● 了解牛螨病的病原特点、症状，掌握其诊断和防治方法

螨病又叫疥癣或癞，牛螨病是疥螨[①]和痒螨寄生在牛的皮内而引起的慢性传染性皮肤病。以剧痒、湿疹样皮炎和脱毛为特征。发病后往往蔓延至全群，危害十分严重。

1. 病原
疥螨形体很小，肉眼不易见（图6-16）。

①螨，又叫螨虫，广泛存在于人和动物的周围环境中，种类繁多，但是引起皮肤病的种类常见的是疥螨和痒螨。

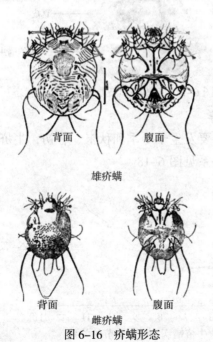

背面　　　　腹面

雄疥螨

背面　　　　腹面

雌疥螨

图6-16　疥螨形态

2. 流行特点

▶ 生活史

疥螨和痒螨的全部发育过程都在宿主体上度过，包括虫卵、幼虫、若虫和成虫 4 个阶段，其中雄螨有一个若虫期，雌螨有两个若虫期。疥螨的发育是在牛的表皮内不断"挖掘"隧道，并在隧道内不断繁殖和发育，完成一个发育周期需 8 ~ 22 天。痒螨在皮肤表面进行繁殖和发育，完成一个发育周期需 10 ~ 12 天。疥螨在真皮层破坏组织的状态见图 6-17。

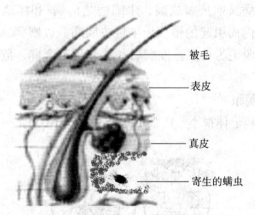

被毛

表皮

真皮

寄生的螨虫

图 6-17 疥螨在真皮层破坏组织的状态

▶ 流行病学

该病主要发生于冬季和秋末、春初，牛疥螨病发病与季节的关系见图 6-18。

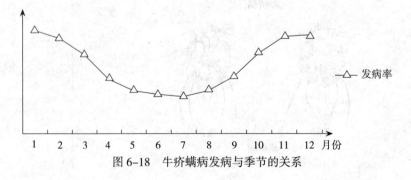

发病率

图 6-18 牛疥螨病发病与季节的关系

发病时，疥螨病一般始发于皮肤柔软且毛短的部位，如面部、颈部、背部和尾根部，继而皮肤感染逐渐向周围蔓延。痒螨病则起始于被毛稠密和温度、湿度比较恒定的皮肤部位，如水牛多见于角根、背部、腹侧及臀部；黄牛见于颈部两侧、垂肉和肩胛两侧，以后才向周围蔓延。

3. 症状

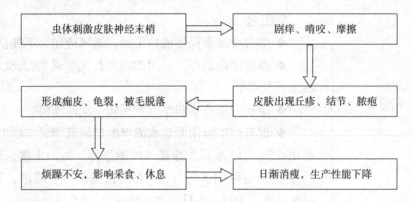

4. 诊断

> **实验诊断**

根据其症状表现及疾病流行情况，刮取皮肤组织查找病原进行确诊。其方法是用经过火焰消毒的凸刃小刀，涂上50%甘油水溶液或煤油，在皮肤的患部与健部的交界处用力刮取皮屑，一直刮到皮肤轻微出血为止。刮取的皮屑放入10%氢氧化钾或氢氧化钠溶液中煮沸，待大部分皮屑溶解后，经沉淀取其沉渣镜检虫体。亦可直接在待检皮屑内滴少量10%氢氧化钾或氢氧化钠制片镜检，但病原的检出率较低。无镜检条件时，可将刮取物置于平皿内，在热水上或在日光照晒下加热平皿后，将平皿放在黑色背景上，用放大镜仔细观察有无螨虫在皮屑间爬动。

> **类症鉴别**

注意与湿疹、秃毛癣、虱和毛虱区别（表6-3）。

表6-3　牛螨病和其他皮肤病区别

病名	螨病	湿疹	秃毛癣	虱和毛虱
痒觉	剧烈	不剧烈	不剧烈	明显
传染性	有	无	有	有
病灶形状	无特定形状	无特定形状	圆形或椭圆形,界限明显	炎症、脱毛、痂皮较轻
镜检	见螨虫	无病原体	真菌孢子或菌丝	见毛虱或虱

5. 防治

◆ 牛舍要经常保持清洁干燥,通风透光,不拥挤。

◆ 畜舍定期消毒,可用20%生石灰水或5%火碱水消毒地面及墙壁。

◆ 防止引进疥螨病牛,发现病牛立即隔离。

◆ 现有病牛可用肥皂水或煤酚皂溶液彻底洗刷患部,再用0.5%~1%敌百虫涂搽或喷洒患部,每周1次,连用2~3次,也可用5毫升/千克溴氰菊酯溶液喷淋,用量以湿透皮毛为准,5日1次,连用2~3次。

◆ 伊维菌素,按牛每千克体重0.02毫克颈部皮下注射,间隔5~7天再用药1次。

七、牛常见内科病的防治

内科病是临床上的常发病，不具有传染性，在治疗上侧重于使用药物，必要时才进行手术治疗。牛内科病的发病率相对较高，尤其是消化系统和呼吸系统疾病的发病率更高，造成的损失也更大。

（一）感冒

目标 ● 了解感冒的临床症状，掌握其诊断和防治方法

感冒是由于寒冷侵袭而引起的以上呼吸道黏膜炎症为主症的急性、热性、全身性疾病。以流鼻涕、咳嗽、呼吸加快及体温升高为特征。本病多见于老、弱牛及犊牛，于早春、晚秋季节气候多变时易发。

1. 症状

病牛精神沉郁，被毛竖立，卧多站少，食欲减退，个别废绝，两眼半闭，四肢、耳、鼻发凉，结膜发炎，两眼流泪，鼻镜干燥，体温升高至 39.5~40℃，呼吸和心跳加快。泌乳母牛患病后，产乳量大减。

2. 治疗

治疗原则为解热、镇痛，防止继发感染。

▶ **解热、镇痛**

可用 30% 安乃近或柴胡注射液 20~40 毫升与清开灵

注射液 40 毫升进行肌内注射，每天 2 次，连用 2 天即可痊愈。

▶ 防止继发感染

肌内注射青霉素、链霉素，每次青霉素 160 万～320 万国际单位，链霉素 100 万～200 万单位，每天 2 次，连续 2～3 天。

▶ 中药疗法

①中西兽医结合：对同一个疾病过程，分别用中医和西医方法诊断，然后同时用西药和中药治疗。这种方法可提高治疗效果，还可减少西药的不良反应。

对发病牛可采取中西兽医结合①的治疗方法（图 7-1）。

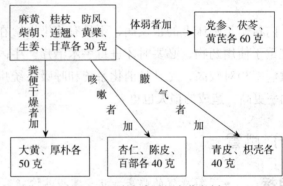

图 7-1　治疗感冒的中药方剂

(二) 肺炎

目标　● 了解肺炎的临床症状，掌握其诊断和防治方法

肺炎是指肺的实质性炎症，通常伴有支气管炎和胸膜炎，临床上表现为呼吸增数、咳嗽，听诊有异常呼吸音。

1. 病因

引起肺炎的原因比较复杂，见图 7-2。这里所指的肺炎一般是不具有传染性的普通型肺炎。如果患肺炎时同时具有传染性特征②，应按照传染病处理。

②传染性特征：指大群的动物在一定的时间和地域内出现相同病症的现象。

2. 症状及病理变化

见图 7-3。

3. 诊断

根据症状、体温、脉搏、呼吸和听诊的变化，肺炎

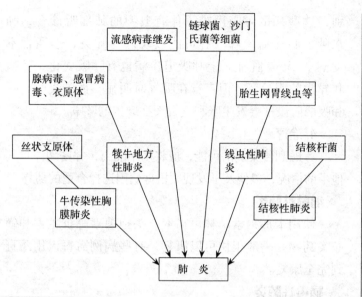

图 7-2　引起肺炎的各种病因

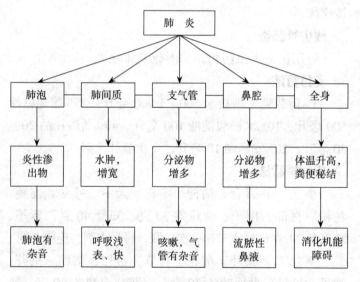

图 7-3　肺炎的症状和病理变化

不难诊断，但对呼吸困难的需要与充血性心衰、贫血末期、组织中毒、发热和酸中毒引起的呼吸困难相区别，这些病的呼吸困难不伴有典型的肺部听诊音，肺水肿、肺充血、肺气肿可能被误认为肺炎，但通常不发热，无毒血症。上呼吸道疾病也有呼吸变化，咳嗽和异常的听诊音，但声音在吸气时明显，而肺炎时，呼和吸两阶段都会发生喉和气管炎症频繁的咳嗽。

4.治疗

考虑到传染病的可能，应将病牛隔离，并密切注意其他牛的情况，以便及早发现。根据病因选择合适的药物。

▶ 细菌性肺炎

使用卡那霉素、林可霉素、头孢菌素等抗生素和磺胺类药物，一般很快可以康复，有些病例需每天用药直到完全康复。

▶ 病毒性肺炎

目前无特效抗药物，应用抗生素防止继发感染和支持疗法。

▶ 线虫性肺炎

应用抗寄生虫药物，如丙硫苯咪唑等。

▶ 支持疗法

5%葡萄糖生理盐水 500～1 000 毫升、25%葡萄糖液500 毫升、10%水杨酸钠液 100 毫升、40%乌洛托品 20～30 毫升、20%安钠咖 10 毫升，一次静脉注射。

▶ 中兽医疗法

◆ 方一：百合、桔梗、冬花、天冬、寸冬、连翘、花粉、百部、栀子、紫菀各 30 克；知母 40 克；黄芩、甘草各 24 克；粉成末，一次口服，每日 1 剂，连服 3 剂。

◆ 方二：桑叶、菊花、甘草、杏仁、桔梗、荆芥、知母、贝母、枇杷叶各 30 克，双花、连翘各 60 克，薄荷 20 克。水煎服，每日 1 剂，连用 3 日。用于肺热咳喘、鼻流黄涕。

◆ 针灸：针鼻俞①穴。

①鼻俞：又称过梁穴，位于牛鼻孔上角对应的鼻中隔上，用三棱针刺穿鼻中隔出血。

（三）口炎

目标 ● 掌握口炎临床特征、诊断及防治措施

口炎是指口腔黏膜、舌及齿龈的炎症。临床上以采食、咀嚼障碍和流涎等为特征。口炎类型较多，按其炎症性质可分为卡他性口炎、水疱性口炎、溃疡性口炎、脓疱性口炎、中毒性口炎、鹅口疮性口炎等数种，其中以卡他性、水疱性和溃疡性口炎①较为常见。

1. 病因

见图 7-4。

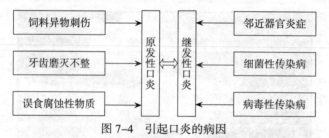

图 7-4 引起口炎的病因

2. 症状

◆ 临床上以采食、咀嚼障碍和流涎等为特征。

◆ 口黏膜潮红、肿胀、疼痛，重则溃疡、水疱。

◆ 口温增高，口臭，流涎。

◆ 拒食粗硬饲草，咀嚼缓慢小心，有时从口中吐出草团。

◆ 颌下淋巴结肿大、疼痛。

见图 7-5 和图 7-6。

3. 诊断

根据病史及口黏膜炎症变化，可进行诊断。应注意鉴别是原发性口炎还是继发性口炎。

4.治疗

以消除病因、收敛消炎和净化口腔为治疗原则。

①卡他性口炎：即口腔黏膜表层的卡他性炎症，是一种单纯性或红斑性口炎；水疱性口炎：是一种以口黏膜上生成充满透明浆液水疱为特征的炎症；溃疡性口炎：是一种以口黏膜糜烂、坏死为特征的炎症。

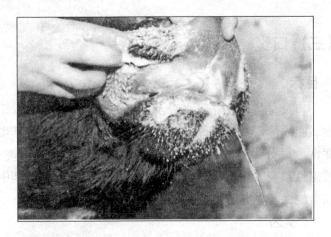

图 7-5　口炎的流涎症状

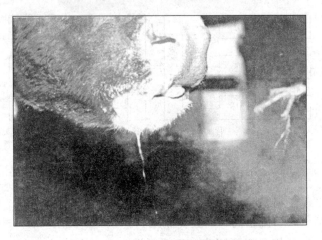

图 7-6　口炎的泡沫性流涎症状

▶ 消除病因

拔除芒刺和锐齿，除去霉败饲料等。给予营养丰富、含有维生素的青绿饲料和清洁饮水。

▶ 收敛消炎，净化口腔

可采取以下方法：

◆ 用 1%食盐水或 2%～3%硼酸溶液，冲洗口腔，每天 3～4 次。

◆ 若口腔有恶臭，宜用 0.1%高锰酸钾溶液冲洗。

◆ 不断流涎时，则用 1%明矾溶液或 1%鞣酸溶液冲洗。

◆ 有溃疡者，冲洗后，用 2%龙胆紫溶液或碘甘油（5%碘酊 1 份，甘油 9 份）、5%磺胺甘油等涂布于溃疡面。

◆ 中兽医疗法：方用青黛散；针灸通关穴（又名知甘穴或舌底穴）①，口炎的中药治疗见图 7-7。

①通关穴位于舌体腹面，两侧静脉上，左右各一穴，用小宽针刺破出血，后用冷水洗涤口舌即可。

组方：青黛、黄檗、薄荷、儿茶、桔梗、黄连各等份

用量：共研细末，每次取 50～100 克，装入布袋中

用法：衔于口中，每天 1～2 次，每次口衔 30～60 分钟

图 7-7　口炎的中药治疗

5. 预防

◆ 防止尖锐异物、刺激性化学物质混于饲料中。

◆ 不饲喂发霉变质、冰冻及有毒的饲草、饲料。

◆ 服用带刺激性或腐蚀性药物时，一定按要求使用。

◆ 定期检查口腔，牙齿磨灭不齐时应及时修整。

（四）食管阻塞

目标　●掌握食管阻塞临床特征、诊断及防治措施

食管阻塞俗称"草噎"，是指大的饲料团块或异物阻塞食管而引起的急性疾病。临床上以突发吞咽障碍、流涎和瘤胃臌气等为特征。按阻塞程度分为完全阻塞与不完全阻塞；按阻塞部位分为颈部食管阻塞、胸部食管阻塞和腹部食管阻塞。

1. 病因

▶ 原发性食管阻塞

吞食较大的块状饲料或异物引起：

◆ 采食甘薯、胡萝卜、马铃薯等大块饲料时，咀嚼不充分，吞咽过急。

◆ 误食布袋、缰绳、毛巾、破布、塑料布等异物。

▶ 继发性食管阻塞

多继发于食管狭窄或食管憩室、食管麻痹、食管炎等疾病。

2.症状

见图 7-8 至图 7-10。

◆ 多在采食过程中突然发病。

◆ 突然停止采食，表现不安，头颈伸展，张口伸舌，频做吞咽动作。

◆ 大量流涎，甚至从鼻孔逆出。

◆ 严重病例，张口伸舌，呼吸急促。

◆ 完全阻塞时，采食、饮水、嗳气和反刍完全停止，迅速发生瘤胃臌气。

◆ 不完全阻塞时，无流涎现象，尚能饮水。

◆ 颈部食管阻塞时，阻塞部位隆起，触诊可感阻塞物。

◆ 胸部食管阻塞时，在阻塞部位上方的食管内积满唾液，触诊能感到波动并引起哽噎运动。

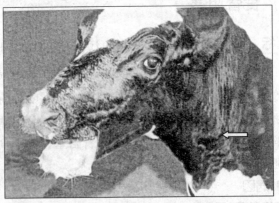

图 7-8　食管阻塞导致的张口伸颈，箭头示阻塞部位

（引自张晋举）

图7-9　食管阻塞导致的流涎症状

(引自张晋举)

图7-10　阻塞部位隆起，触诊可感知异物

3. 诊断

根据突然发生吞咽困难的病史和大量流涎、瘤胃臌气等症状，结合食管外部触诊、胃管探诊易于诊断。

4. 治疗

以疏通食管、消除炎症、加强护理和预防并发症为治疗原则。

▶ 直接掏取法

若阻塞物在近咽部，妥善保定后，先给牛戴上开口器，用胃管灌入液状石蜡 100 ~ 300 毫升，一人用双手在食管两侧将堵塞物推至咽部，另一人将手或钝钳伸入咽内取出。

▶ 推送法

先用胃管将液状石蜡或豆油 150 ~ 200 毫升、2%盐酸普鲁卡因注射液 30 毫升，投入阻塞部，10 ~ 15 分钟后用胃管推送阻塞物至胃内。

▶ 打气法

将胃管插入食管，其外端接上打气筒，一人握住胃管将其顶到阻塞物上，助手猛打气三、五下，术者趁势推动胃管，有时可将阻塞物推至胃中。

▶ 打水法

当阻塞物是颗粒状或粉状饲料时，可插入胃管，用清水反复泵吸或虹吸，以便把阻塞物溶化、洗出，或者将阻塞物冲下。

▶ 药物疗法

先向食管内灌入植物油（或液体石蜡）100~200 毫升，然后皮下注射 3%盐酸毛果芸香碱 3 毫升，促进食管肌肉收缩和分泌，经 3~4 小时可奏效。

▶ 手术疗法

采取上述方法仍不见效时，立即施行手术疗法。

发生瘤胃臌气的，应瘤胃穿刺，放气减压。

5. 预防

◆ 定时饲喂，防止饥饿。

◆ 饲喂块根、块茎饲料时，应切碎后再喂。

◆ 加强饲养管理，防止误食异物。

（五）前胃弛缓

目标 ●掌握前胃弛缓临床特征、诊断及防治措施

前胃[1]弛缓是指前胃兴奋性降低，收缩力减弱，食物在前胃不能正常消化和向后推送，发生腐败分解，产生毒物，引起消化机能障碍和全身机能紊乱的一种疾病。临床上以食欲减退、前胃蠕动减弱或停止、反刍和嗳气减少等为特征。

①前胃：牛的瘤胃、网胃和瓣胃统称前胃。在解剖构造和功能上，它们是相互联系的，其中一个出现疾病，往往同时出现弛缓。

1. 病因

见图7-11。

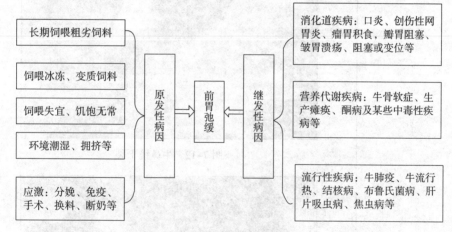

图7-11 引起前胃弛缓的病因

2. 症状

前胃弛缓按其病情发展过程，可分为急性和慢性两种类型。

▶ **急性型**

多表现为急性消化不良。

◆ 食欲减退或废绝，反刍无力、次数减少或停止。

◆ 体温、呼吸、脉搏一般无明显异常。

◆ 听诊瘤胃蠕动音减弱甚至消失，蠕动次数减少，触诊瘤胃内容物黏硬或呈粥状。常呈间歇性臌气。瓣胃蠕动音微弱。

◆ 口色潮红，唾液黏稠，口臭，鼻镜干燥（图7-12、图7-13）。

◆ 病初粪便变化不大，随后粪便变为干硬、色暗，被覆黏液。

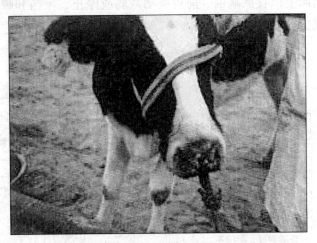

图7-12　牛鼻镜干裂

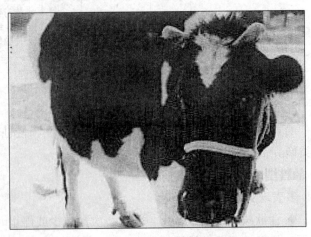

图7-13　鼻镜干裂同时流鼻涕

▶ 慢性型

表现与急性型相似，但病程较长。

◆ 病情时好时坏。食欲不定，瘤胃呈周期性或慢性臌气，便秘和腹泻交替发生。病牛逐渐消瘦，泌乳停止，眼球凹陷，衰弱无力，多预后不良（图 7-14）。

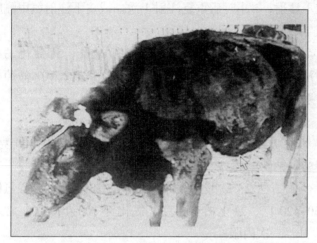

图 7-14　慢性前胃弛缓的牛极度消瘦

3. 诊断

根据发病原因、临床症状，即食欲、反刍异常，消化机能障碍等可进行诊断。

4. 治疗

以加强瘤胃的蠕动机能、制止瘤胃内异常发酵和腐败分解、防止出现酸中毒为治疗原则。

▶ 急性型病牛

病初禁食 1~2 天，以后喂给优质干草和易消化的饲料。

▶ 清理胃肠、制止腐败发酵

◆ 方法 1：用硫酸钠（或硫酸镁）300~500 克，鱼石脂 20 克，酒精 50 毫升，温水 6 000~10 000 毫升，一次内服。

◆ 方法 2：用液体石蜡 1 000~3 000 毫升、苦味酊 20~30 毫升，一次内服。

◆ 方法 3：洗胃：适于采食多量精饲料而症状又比较重的病牛。洗胃后应向瘤胃内接种纤毛虫。重症病例应先强心、补液，再洗胃。

▶ 兴奋瘤胃蠕动机能

◆ 方法 1：0.1%新斯的明注射液 10~20 毫克，一次皮下注射，2 小时后重复注射 1 次。或皮下注射氨甲酰胆碱 1~2 毫克。

◆ 方法 2：10%氯化钠溶液 300 毫升，5%氯化钙注射液 100 毫升，10%安钠咖注射液 30 毫升，10%葡萄糖注射液 1 000 毫升，一次缓慢静脉注射。

▶ 调整与改善瘤胃内环境

◆ 方法 1：氢氧化镁（或氢氧化铝）200~300 克，碳酸氢钠 50 克，常水适量，一次内服。

◆ 方法 2：碳酸盐缓冲剂：碳酸钠 50 克、碳酸氢钠 350~420 克、氯化钠 100 克、氯化钾 100~140 克，常水 10 升，一次内服。

◆ 方法 3：投服从健康牛口中取得的反刍食团或灌服健康牛瘤胃液 4~8 升。

▶ 对症疗法

◆ 发生酸中毒时：可用 5%葡萄糖生理盐水 1 000～2 000 毫升、5%碳酸氢钠溶液 1 000 毫升、40%乌洛托品溶液 30 毫升、20%安钠咖注射液 10～20 毫升，一次静脉注射，配合胰岛素 100～200 单位，皮下注射。

◆ 继发胃肠炎时：用黄连素 1～2 克，内服，每天 2～3 次。

▶ 中兽医治疗

（1）虚寒型病例　证见体弱寒战，被毛粗乱无光，耳鼻俱冷，口流清涎，粪稀如水，口色淡白，取党参、白术、茯苓、陈皮、木香、苍术、砂仁各 30 克，神曲、山楂、麦芽各 60 克，半夏 25 克，肉豆蔻 45 克。共为细末，开水冲调，一次灌服，每天 1 剂，连用 2～3 天。

（2）湿热型病例　证见口色微红，唾液黏稠，口内酸臭，粪干而覆有黏液，或粪便溏泻腥臭，尿短而黄浊，取党参、白术、茯苓、陈皮、木香、佩兰各 30 克，神曲、山楂、麦芽各 60 克，龙胆草、茵陈蒿各 45 克。共为细末，开水冲调，一次灌服，每天 1 剂，连用 2～3 天。

（3）牛久病虚弱，气血双亏　取党参、白术、当归、熟地、黄芪、山药、陈皮各 50 克，茯苓、白芍、川芎各 40 克，甘草、升麻、干姜各 25 克，大枣 200 克，共为细末，灌服，每天 1 剂，连服数剂。

（4）针灸治疗　针山根、开关、通关、百会①穴，每天 1 次，连用 3～5 次。也可用顺气②穴巧治③。

5. 预防

◆ 加强饲养管理，合理调配饲料。

◆ 不喂腐败、冰冻等品质不良的饲料。

◆ 更换饲料要循序渐进。

◆ 保持厩舍卫生，加强运动。

◆ 积极治疗原发病。

（六）瘤胃积食

目标　●掌握瘤胃积食临床特征、诊断及防治措施

瘤胃积食又称急性瘤胃扩张，是由于采食大量难消化、易膨胀的饲料引起的瘤胃壁过度扩张、蠕动机能减弱的疾病。从临床特征和病因可分为两种类型，一种由过食大量粗纤维性饲料引起，临床上以瘤胃内容物停滞、容积增大、胃壁受压及运动神经麻痹为特征；一种是由过食大量豆谷类精料引起，临床上以中枢神经兴奋性增高、视觉紊乱和酸中毒为特征。

①山根：又名人中穴，位于鼻镜背侧有毛无毛交界处；开关：咬肌前缘，对应最后一对臼齿后上方，左右各一穴；百会：又名千金，位于腰椎和荐椎结合处的凹陷内。

②顺气：口腔内硬腭前端两侧的一对小孔，即鼻腭管开口处。

③巧治：在这里指用柔嫩的榆树枝条，去皮后插入顺气穴内。

1. 病因

◆ 一次采食大量麦草、谷草、稻草、豆秸、花生藤、马铃薯藤、甘薯藤等难消化的饲料。

◆ 一次饲喂、偷食大量玉米、麸皮、小麦、豌豆、大豆等易膨胀饲料。

◆ 贪食大量的青草、苜蓿、紫云英、甘薯、胡萝卜、马铃薯等饲料。

◆ 突然更换饲料，由粗料换为精料，由劣草换为良草时，均可因过食而致病。

◆ 继发性病因见于前胃弛缓、瓣胃阻塞、创伤性网胃腹膜炎等。

瘤胃积食的发病机制见图7-15。

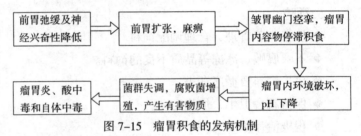

图7-15 瘤胃积食的发病机制

2. 症状

◆ 常在饱食后数小时内发病，临床诊断症状明显，病情发展迅速。

◆ 初期患病动物神情不安，目光凝视，拱背站立，回顾腹部或后肢踢腹，起卧不宁（图7-16）。

◆ 食欲废绝、反刍停止、嗳气减少或停止，鼻镜干燥。

◆ 左腹部显著膨大、背腰拱起、磨牙、呻吟、努责（图7-17）。

◆ 听诊瘤胃蠕动音减弱或消失。

◆ 触诊瘤胃，动物表现不安，内容物坚实或黏硬，或呈面团样。

◆ 叩诊瘤胃呈浊音。

图 7-16 瘤胃积食时牛回头顾腹

图 7-17 瘤胃积食牛的左肷部膨满，腹围增大

◆ 直肠检查：可发现瘤胃扩张，容积增大，充满坚实或黏硬的内容物。

◆ 便秘，粪便干硬，色暗，有的排带有血液、黏液和饲料颗粒的黑色恶臭粪便。

◆ 后期，病情恶化，呼吸急促，心率加快，皮温不整，四肢下部、角根和耳尖冰凉，全身战栗，眼窝凹陷，黏膜发绀；病畜衰弱，卧地不起，陷于昏迷状态（图7-18）。

◆ 过食豆谷所引起的瘤胃积食病牛眼球凹陷（图7-19），视力障碍，盲目直行或转圈，重者出现狂躁不安、头抵墙壁或攻击人畜，或肌肉震颤，站立不稳，步态蹒跚，卧地不起，昏迷。

图 7-18　瘤胃积食牛卧地不起

图 7-19　瘤胃积食牛严重脱水，眼窝下陷

3. 诊断

根据发生原因，过食后发病，瘤胃内容物充盈而硬实，食欲、反刍停止等病症，可以确诊。

4. 治疗

以消除积滞、兴奋瘤胃蠕动，防止脱水与自体中毒为原则。

▶ **一般病例**

首先限制采食，并进行瘤胃按摩，每次 5~10 分钟，每隔 30 分钟一次。先灌服酵母粉 250~500 克（或神曲 400 克、食母生 200 片、红糖 500 克），再按摩瘤胃，效果更佳。

▶ 排除瘤胃内容物

硫酸镁或硫酸钠 500～800 克，常水 4 000 毫升，一次灌服。液状石蜡或植物油 1 000～1 500 毫升，一次灌服。

▶ 兴奋瘤胃蠕动

10%氯化钠溶液 300～500 毫升，5%氯化钙注射液 150 毫升，10%安钠咖注射液 30 毫升，一次静脉注射。或 0.1%新斯的明注射液 20 毫升，一次皮下注射，2 小时后重复注射 1 次。同时配合瘤胃外部按摩，每 1～2 小时 1 次，每次持续 20 分钟。

▶ 对症治疗

碳酸氢钠 200~500 克，常水适量，内服，每日 2 次。用 5%葡萄糖生理盐水 1 000～2 000 毫升、5%碳酸氢钠注射液 500 毫升、25%葡萄糖注射液 500 毫升、10%安钠咖注射液 30 毫升、复方氯化钠注射液 2 000 毫升，一次静脉注射。严重瘤胃臌气时，应及时穿刺放气，并内服鱼脂等止酵剂。

▶ 中药治疗

中兽医称瘤胃积食为宿草不转，治疗宜健脾开胃，消食行气，攻下通便。

◆ 方一：大黄 60~90 克、枳实 30~60 克、厚朴 30~60 克、槟榔 30~60 克、芒硝 150~300 克、麦芽 60 克、白术 45 克、陈皮 45 克、茯苓 30~60 克、甘草 15~30 克，共为末，一次灌服。孕牛慎用。

◆ 方二：当归 250 克（油炒）、肉苁蓉 100 克、番泻叶 40 克，厚朴、枳实、大黄各 60 克，神曲 100 克，水煎服，孕牛可用。

◆ 针灸：针山根、通关、百会、八字①穴。

▶ 手术疗法

若上述方法无效或病情危急，应施行瘤胃切开术。

①八字：又名蹄头，位于蹄上方有毛无毛交界处，内外各一，四蹄共八穴。小宽针刺破出血。

5. 预防

◆ 避免突然换料或过食。

◆ 积极治疗前胃疾病。

◆ 加强精料及牛的管理，防止偷食精料。

（七）瘤胃臌气

目标 ● 掌握瘤胃臌气临床特征、诊断及防治措施

瘤胃臌气是由于采食了大量容易发酵的饲料，迅速产生大量气体而导致瘤胃容积急剧增大、胃壁急剧扩张的一种疾病。临床上以腹围急剧膨大、反刍和嗳气障碍以及高度呼吸困难为特征。

瘤胃臌气，依其病因，有原发性和继发性之分；按其经过，有急性和慢性的区别；从瘤胃内容物性质上看，又有泡沫性和非泡沫性①之分。

1. 病因

见图 7-20。

①泡沫性臌气：采食大量易发酵的含有多量的蛋白质、皂苷、果胶等物质的豆科植物，产生大量稳定性泡沫，不能通过嗳气将气体排出而引起的臌气；非泡沫性臌气：由于采食了大量易发酵的幼嫩多汁的青草，发酵速度过快而产生大量的 CO_2 和 CH_4，超过嗳气排放速度而引起的臌气。

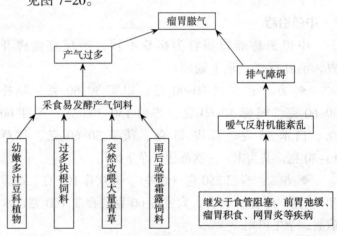

图 7-20 瘤胃臌气的形成模式

2. 症状

◆ 急性瘤胃臌气，通常在采食大量易发酵饲料后迅

速发病，病情发展迅速。

◆ 初期，举止不安，神情忧郁，结膜充血，角膜周围血管扩张。

◆ 食欲废绝，反刍停止，嗳气减少或停止。

◆ 疼痛不安，回头顾腹，后肢踢腹，甚至急起急卧。

◆ 左腹急剧膨大，左肷窝明显突出。严重者高过背中线。腹壁紧张而有弹性，叩诊呈鼓音（图 7-21、图 7-22）。

图 7-21　瘤胃隆起，叩诊鼓音

图 7-22　瘤胃臌胀

◆ 听诊瘤胃蠕动者在病初增强，但很快减弱甚至消失。

◆ 很快，精神沉郁，呼吸急促，严重时张口呼吸，呼吸数增至每分钟 60 次以上，舌伸出，眼球凸出，流涎，头颈伸展。

◆ 结膜先充血后发绀，浅表静脉怒张，心跳加快，每分钟可达 100～120 次以上，体温正常，不断排尿。

◆ 后期，运动失调，行走摇摆，站立不稳，甚至突然倒地痉挛死亡（图 7-23）。

◆ 继发性瘤胃臌气发病缓慢，症状较轻，病情时轻

图 7-23 卧地不起

时重，瘤胃臌气呈周期性。

3. 诊断

◆ 根据采食大量易发酵饲料后发病的病史，病情急剧，腹部臌胀，左肷窝凸出，血液循环障碍，呼吸极度困难等症状易于诊断。

◆ 插入胃管和瘤胃穿刺是区别泡沫性臌气与非泡沫性臌气的有效方法。泡沫性臌气，在瘤胃穿刺时，只能断断续续从导管针内排出少量气体，针孔常被堵塞，排气困难；而非泡沫性臌气，则排气顺畅，臌气明显减轻。

4. 治疗

以排气减压、消沫制酵、强心补液为原则。

▶ **病情轻的病例**

使病畜立于斜坡上，保持前高后低的姿势，不断牵引其舌或用一根新的槐树枝去皮后衔在患病动物口内，同时按摩瘤胃，可促进气体排出。

（1）胃导管放气 将胃管插入瘤胃后，可上下、左右、前后移动管口，助手随管子的移动，用手用力推动左侧腹壁，促使瘤胃内气体排出。待腹围缩小后，通过胃管向瘤胃内灌入鱼石脂 15 克、95%酒精 30 毫升。

（2）瘤胃穿刺放气　在瘤胃臌胀最高点，常规剪毛、消毒。用套管针向对侧肘头方向刺入 10～12 厘米，拉出针心，间断地缓缓放出气体。待腹围缩小后，通过套管针向瘤胃内注入鱼石脂 15 克、松节油 20～30 毫升、95%酒精 30 毫升。插入针心，用左手按压针旁皮肤，右手抽拔出针，局部常规消毒。

（3）泡沫性臌气　先用松节油 30～60 毫升，或豆油 250 毫升，或用聚甲基硅油 4 克，酒精 100～200 毫升，一次内服，消除泡沫后，再行穿刺或胃导管放气。

▶ 病情重剧者

应立即施行瘤胃切开术，直接取出泡沫状内容物，用清水冲洗，放入干草及清水或健康牛瘤胃液 5 000～8 000 毫升，闭合瘤胃和腹腔，再对症治疗。

（1）对症治疗

◆ 积食较多病例，在胃导管放气或瘤胃穿刺放气后，用硫酸镁 500～800 克，常水 4 000～5 000 毫升，一次灌服。

◆ 用 5%葡萄糖生理盐水 1 000～2 000 毫升、5%碳酸氢钠注射液 500 毫升、25%葡萄糖注射液 500 毫升、10%安钠咖注射液 30 毫升、复方氯化钠注射液 2 000 毫升，一次静脉注射。

◆ 皮下注射毛果芸香碱或新斯的明，促进瘤胃蠕动。

（2）中药治疗　中兽医称瘤胃臌气为气胀或肚胀。治疗宜行气消胀，通便止痛。方用消胀散：炒莱菔子 15 克，枳实、木香、青皮、小茴香各 35 克，玉片 17 克，二丑 27 克，共为末，加植物油 300 毫升，大蒜 60 克（捣碎），水冲服。也可用木香顺气散：木香 30 克，厚朴、陈皮各 20 克，枳壳、藿香各 20 克，乌药、小茴香、青果（去皮）、丁香各 15 克，共为末，加清油 300 毫升，水冲服。

（3）**手术疗法** 若上述方法无效或病情危急，应施行瘤胃切开术，将瘤胃内容物完全掏空，冲洗后放入少量干草及清水，然后接种正常牛的瘤胃液。

5. 预防

◆ 加强饲养管理，避免突然采食大量易发酵的青绿饲料、换料。

◆ 禁止饲喂霉败饲料，尽量少喂堆积发酵或被雨露浸湿的青草。

（八）创伤性网胃炎

目标 ● 掌握创伤性网胃炎临床特征、诊断及防治措施

创伤性网胃炎是由于尖锐金属异物（针、钉、铁丝等）刺入网胃而引起的网胃和腹膜的损伤及炎症。临床上以顽固性前胃弛缓，瘤胃反复臌气，网胃区敏感性增高为特征。

因网胃体积较小，且收缩力很强，尖锐的金属异物进入网胃后，在网胃收缩时，极易刺伤网胃壁，从而引起创伤性网胃－腹膜炎、创伤性网胃－心包炎（图 7-24）。

1. 病因

◆ 牛采食迅速，咀嚼不仔细，以唾液裹成团，囫囵吞咽，易将金属异物随同饲料吞咽入胃。

◆ 因饲料加工粗放，饲养粗心大意，对饲料中的金属异物的检查和处理不细致而引起本病。

2. 症状

◆ 突然出现不明原因的前胃弛缓，瘤胃蠕动音减弱，蠕动次数减少，反刍、食欲减少或停止，鼻镜干燥。便

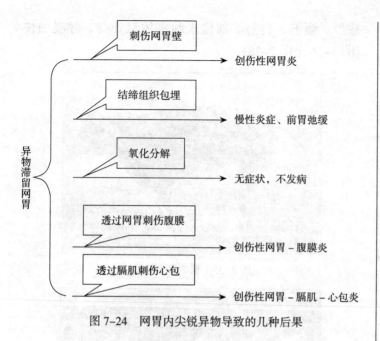

图 7-24　网胃内尖锐异物导致的几种后果

秘，粪球干小，外附有黏液或血丝。

◆ 随后出现网胃炎症状：弓背站立（图 7-25），头颈微伸，四肢聚于腹下，肘头外展，肘肌震颤，排粪时拱背举尾，不敢努责。不愿运动，强迫运动时步态强拘，愿走软路不愿走硬路，愿上坡不愿下坡。卧地时小心翼翼，先用后肢屈曲坐地，然后前肢轻轻跪地，起立时先提前肢。网胃触诊，疼痛不安，抗拒检查。用前胃兴奋剂治疗后，病情反而加重。精神沉郁，呼吸浅表、急促，体温在穿孔后第 1~3 天多升高至 40~41℃，以后可能维持在正常范围。

◆ 慢性网胃炎的病例，被毛粗乱无光泽，消瘦，间歇性厌食，瘤胃蠕动减弱，间歇性轻度臌气，便秘或腹泻，久治不愈。

◆ 发生创伤性心包炎时，脉搏数增加，达 90~100 次/分，心区触诊疼痛，前期可听到心包摩擦音，其后随渗出液增多而出现心包击水音。心搏动减弱，体表静脉怒张，颌下、胸前等部位水肿，体温升高、呼吸加快（图 7-26 至图 7-28）。

图 7-25　病牛弓背姿势

图 7-26　箭头示病牛胸前水肿

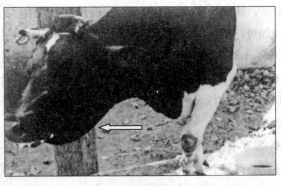

图 7-27　箭头示病牛颌下水肿

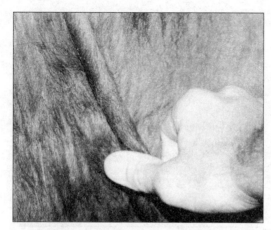

图 7-28　病牛脱水，皮肤皱襞不容易消失

◆ 发生急性弥漫性腹膜炎，全身症状显著，体温、脉搏和呼吸数增加，腹部触诊时疼痛剧烈，常因败血症而死亡。血液检查，白细胞总数增加，其中嗜中性粒细胞增多，核左移。

◆ 金属异物探测器检查：可查明网胃内金属异物存在的情况（图 7-29 至图 7-31）。

3. 诊断

◆ 根据饲养管理情况，结合临床症状、血液检查，使用兴奋瘤胃蠕动药物治疗无效或反而症状加重，以及瘤胃金属异物探测阳性等结果，可进行诊断。

◆ 注意与前胃弛缓、慢性瘤胃臌气、慢性腹膜炎等相鉴别。

4. 治疗

◆ 以去除异物、抗菌消炎、恢复胃肠功能为原则。

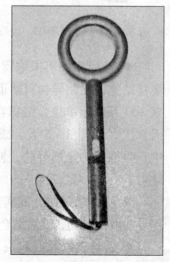

图 7-29　网胃金属探测器

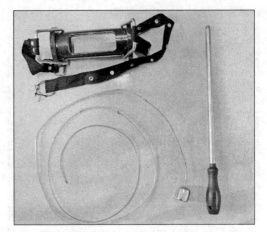

图 7-30　瘤胃取铁器械

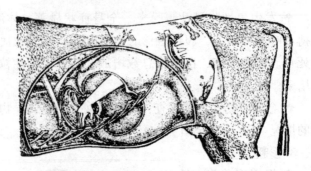

图 7-31　经瘤胃进行网胃探查

◆ 轻症病例可采取保守疗法，让病牛取前高后低姿势站立，促使异物自然退回，同时，用普鲁卡因青霉素300万国际单位、链霉素400万单位，肌内注射，每天3次，连用3~5天。或用特制的磁铁经口投入网胃中，吸取胃中金属异物，同时应用青霉素和链霉素肌内注射。

◆ 若不能退回，或病情严重，则应及时切开瘤胃，探寻并取出异物，然后结合抗生素治疗。

◆ 若继发严重心包炎、腹膜炎，全身机能衰弱者，多无治疗价值，建议淘汰。

5. 预防

◆ 加强饲养管理，防止饲料中混杂金属异物。

◆ 在饲料加工、自动输送线等机械上安装大块电磁板或电磁装置，在草料筛、拌草棍上安放强力磁铁，以除去饲草中的金属异物。

◆ 不在村前屋后、铁工厂、垃圾堆附近放牧和收割饲草。

◆ 定期应用金属探测器检查牛群，并应用金属异物摘除器从瘤胃和网胃中摘除异物。

（九）瓣胃阻塞

目标 ● 掌握瓣胃阻塞临床特征、诊断及防治措施

瓣胃阻塞是由于前胃运动机能减弱，特别是瓣胃收缩力减弱，其内容物不能进入皱胃而积聚于瓣胃中，内容物水分被吸收而变干，继而形成阻塞的一种疾病。临床上以前胃弛缓，鼻镜干燥龟裂，粪少而干硬、色暗、呈算盘珠样为特征。

1. 病因

◆ 原发性瓣胃阻塞主要见于在缺乏饮水的情况下，长期饲喂谷糠、醋糟、糖渣、麸皮及夹带大量泥沙的饲料，或长期饲喂甘薯藤、花生蔓、豆秸、麦秸等坚韧而富含粗纤维的饲料等引起。

◆ 饮水及运动不足、突然变换饲料、饲料质量低劣等也可引起本病。

◆ 因饲料加工粗放，饲养粗心大意，对饲料中的金属异物的检查和处理不细致而引起本病。

◆ 继发性瓣胃阻塞主要见于前胃弛缓、瘤胃积食、瓣胃炎、皱胃变位及阻塞、血孢子虫病，以及其他热性病等。

2. 症状

◆ 初期，呈现前胃弛缓的症状，食欲不定或减退，反刍、嗳气减少，鼻镜干燥，口色潮红。便秘，色暗成球，呈算盘珠样。瘤胃轻度臌气，瓣胃蠕动音微弱或消失（图7-32）。

◆ 右侧腹壁（第8~10肋间的中央）触诊，病牛疼痛不安；叩诊，浊音区扩大；精神迟钝，时而呻吟，伴有磨牙现象。

◆ 瓣胃穿刺，可感到瓣胃内容物硬固，无液体从穿刺孔流出。用注射器也很难抽出液体，针头在瓣胃内很少能摆动或不能活动。

◆ 后期精神高度沉郁，食欲、反刍停止。体温升高0.5~1℃，呼吸急促，脉搏增数。鼻镜龟裂，眼球凹陷，结膜发绀。瘤胃蠕动停止，排粪停止，无尿。若不及时治疗，常因脱水和自体中毒而死亡。伴发肠炎时，排出少量黑褐色藕粉样恶臭黏液。

图7-32 病牛鼻镜干燥，精神沉郁

3. 诊断

◆ 根据饲养管理情况，结合临床症状（瓣胃蠕动音低沉或消失，触诊瓣胃敏感性增高，叩诊浊音区扩大，便秘，粪便细腻，纤维素少、黏液多等）、结合瓣胃穿刺检查可进行诊断。必要时进行剖腹探查，可以确诊。

◆ 注意同前胃弛缓、瘤胃积食、创伤性网胃腹膜炎、皱胃阻塞、肠便秘等进行鉴别诊断。

4. 治疗

以泻下、补液和促进前胃蠕动为原则。

（1）泻下　用硫酸钠 800 克，常水 3 000 毫升，液状石蜡 500 毫升，一次灌服。用硫酸镁 300~500 克，常水 2 000 毫升，液状石蜡 500 毫升，一次瓣胃注射①。若无腹痛症状时，可用 0.1% 新斯的明注射液 20 毫升，一次肌内注射。

（2）补液和促进前胃蠕动　10% 氯化钠溶液 300 毫升，5% 氯化钙注射液 100 毫升，10% 安钠咖注射液 20 毫升，复方氯化钠注射液 5 000 毫升，一次静脉注射。或 5% 葡萄糖溶液 5 000 毫升，10% 安钠咖注射液 30 毫升，一次静脉注射。

防止脱水和自体中毒可用撒乌安注射液 100~200 毫升或樟酒糖注射液②200~300 毫升，静脉注射。

▶ 手术疗法

重症者施行瘤胃切开术，用长胶管通过瘤网胃口进入瓣胃，用大量 0.1% 高锰酸钾溶液冲洗瓣胃（图 7-33、图 7-34），同时在瘤胃内用手按压瓣胃以揉碎食物团块，利用

图 7-33　术者通过瘤胃将胶管插入网瓣胃口

①瓣胃注射方法：用封闭针头在右侧第 9 肋间与肩端水平线相交处，垂直刺入皮肤和肋间肌后，针尖斜向对侧肘突方向刺入 10~12 厘米。若注入瓣胃时，针感阻力，先注入 50 毫升生理盐水，迅速回抽，如抽出带有粪末的液体，说明针头确实刺入了瓣胃，接上针筒，注入药液。

②撒乌安注射液配比：5% 葡萄糖生理盐水 500~1 000 毫升、5% 葡萄糖注射液 500 毫升、10% 水杨酸钠注射液 100 毫升、40% 乌洛托品注射液 20~30 毫升和 20% 安钠咖注射液 10 毫升。樟酒糖注射液配比：精制樟脑 4 克、精制酒精 200 毫升、葡萄糖 60 克、生理盐水 700 毫升，混合灭菌。

虹吸作用导出液体，反复冲洗，直至完全排除内容物，最后冲开贲门。体型较大的牛可通过皱胃（切开皱胃后）进行冲洗。

图 7-34　瓣胃冲洗

中兽医疗法

中兽医称瓣胃阻塞为百叶干，治疗宜养阴润胃、通便清热。方用藜芦润燥汤：藜芦、常山、二丑、川芎各 60 克，当归 60~100 克，水煎后加滑石 90 克，麻油（或石蜡油）1 000 毫升，蜂蜜 250 克，一次内服。或用猪膏散：滑石 200 克、牵牛子 50 克、大黄 60 克、大戟 30 克、甘草 15 克、芒硝 200 克、油当归 150 克、白术 40 克，研末，加猪油 500 克，调服。

针灸：针通关、山根、鼻中、承浆①、百会穴。

5. 预防

◆ 加强饲养管理，减少饲喂过于老硬的粗纤维饲料。

◆ 避免长期饲喂糠麸、糟粕之类的饲料，增加青绿饲料和多汁饲料。

◆ 注意清除饲料中的泥沙，供给充足饮水，给予适当的运动。

（十）皱胃变位

目标　●掌握皱胃变位的概念、临床特征、诊断及防治措施

①鼻中：又叫三关穴，位于鼻镜正中，三棱针直刺出血即可。承浆：又叫命牙穴，位于下唇正中有毛无毛交界处，小宽针或三棱针直刺出血即可。

皱胃由于某些原因离开正常解剖学位置，称为皱胃变位。按其变位的方向分为左方变位和右方变位两种类型。在临诊实践中，绝大多数病例是左方变位。临床上以食欲降低、病情反复、左侧第9~11肋间肩关节水平线上下叩诊与听诊结合出现钢管音为特征，图7-35为皱胃左方变位模式图，图7-36为牛的腹腔右侧四个胃的位置关系，图7-37为牛皱胃和瓣胃正常位置右侧观，图7-38为皱胃囊向左侧移位，图7-39为皱胃左方变位的左侧观，图7-40为左肷部打开腹腔显示变位的皱胃。

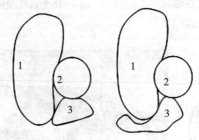

图7-35　皱胃左方变位模式图（左图为正常，右图为变位后）

1.瘤胃　2.瓣胃　3.皱胃

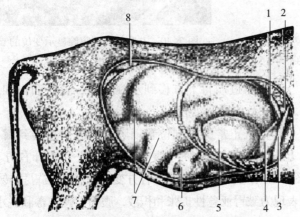

图7-36　牛的腹腔右侧四个胃的位置关系

（网膜、肠管、膈肌、肺已切除）

1.膈　2.食管　3.第6肋骨　4.网胃　5.瓣胃　6.皱胃　7.瘤胃　8.直肠

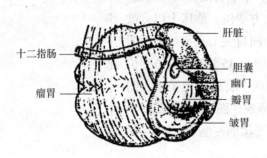

图 7-37　牛皱胃和瓣胃正常位置右侧观
（瘤胃被大网膜、瓣胃被小网膜覆盖）

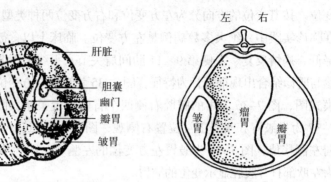

图 7-38　皱胃囊向左侧移位

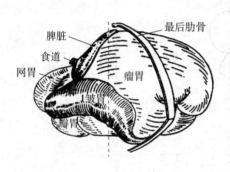

图 7-39　皱胃左方变位的左侧观
（虚线表示图 7-38 的断面）

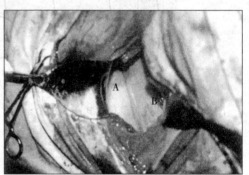

图 7-40　左肷部打开腹腔显示变位的皱胃
A.皱胃　B.瘤胃

　　皱胃通过瘤胃下方移到左侧腹腔，置于瘤胃和左腹壁之间，称为左方变位。

　　皱胃从正常的解剖位置以顺时针方向扭转到瓣胃的后上方，而置于肝脏与腹壁之间，称为皱胃右方变位（图 7-41、图 7-42）。皱胃右方变位又称为皱胃扭转。主要表现为皱胃亚急性扩张和积液，腹痛，碱中毒和脱水等。包括前方变位和后方变位两种情况。前方变位是指皱胃向前方（逆时针）扭转，嵌留在网胃与膈肌之间；后方变位是皱胃向后方（顺时针）扭转，嵌留在肝脏与右腹壁之间。

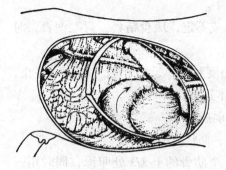 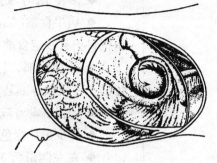

图 7-41　皱胃右方变位（顺时针
　　　扭转至瓣胃后上方）

图 7-42　皱胃右方变位（逆时针
　　　扭转至瓣胃前上方）

1. 病因

皱胃变位的确切病因仍然不完全清楚，主要与皱胃弛缓和机械性转移两方面有关。

◆ 皱胃机械性转移：是由于子宫在妊娠后期其胎儿逐渐增大和沉重，并逐渐将瘤胃向上抬高并向前移位，皱胃就趁机向左方移走，当母牛分娩时，腹腔这一部分的压力骤然减去，于是瘤胃恢复原位下沉，致使皱胃被挤压到瘤胃左方，置于左腹壁与瘤胃之间。此外，爬跨、翻滚、跳跃等情况，也可能造成发病。

◆ 皱胃弛缓：导致皱胃扩张和充气，容易因受压而游走变位。

造成皱胃弛缓的原因：

◆ 长期饲喂较多的高蛋白精料或含高水平酸性成分饲料，如玉米、青贮等。

◆ 继发于酮病、低钙血症、生产瘫痪、牛妊娠毒血症、子宫炎、乳房炎、胎衣不下等疾病。

2. 症状

▶ 皱胃左方变位主要症状

见图 7-43 至图 7-46。

◆ 多发于分娩之后，少数发生在产前 3 个月至分娩前。

◆ 多发于高产奶牛。

◆ 病牛食欲减退或不定，厌食精料、青贮饲料，对粗饲料仍有一定食欲。

◆ 精神沉郁，轻度脱水，反刍和嗳气减少或停止，体温、呼吸和脉率基本正常。

◆ 瘤胃蠕动音减弱或消失。

◆ 排少量深绿色、糊状、黏腻粪便。

◆ 在左侧最后 3 个肋骨的上 1/3 处叩诊，同时用听诊器听腹侧膨大部，可听到钢管音①。

①钢管音：又叫金属音，类似敲击钢管的声音。是囊性器官充气后压力升高，受敲击振动产生的特殊音调。钢管音是诊断皱胃变位的重要参考症状，但是不能作为诊断皱胃变位的唯一依据。

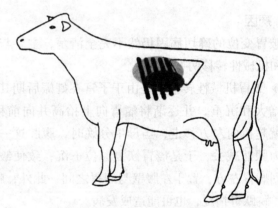

图 7-43　皱胃左方变位钢管音范围

下边黑色椭圆形范围为左方变位，上边浅色椭圆形范围
为皱胃阻塞、创伤性网胃腹膜炎、瓣胃梗塞的钢管音范围。

◆ 左腹肋弓部突起，冲击性触诊有振水音。听诊有皱胃蠕动音。穿刺流出棕褐色、酸臭、混浊、无纤毛虫、pH 1 ~ 4 的皱胃液。

◆ 直肠检查，瘤胃背囊右移，瘤胃与左腹壁之间出现间隙，病程长者，瘤胃体积缩小，在瘤胃的左侧可摸到臌胀的皱胃。

◆ 病牛逐渐瘦弱，腹围缩小，后期卧地不起，病程长。

图 7-44　左方变位（左后肋骨部隆起，
　　　　后方凹陷，引自张晋举）

图 7-45　左方变位（箭头示肋部隆起，
　　　　出现钢管音）

图 7-46　皱胃左方变位牛腹部蜷缩，消瘦

▶ 皱胃右方变位主要症状

见图 7-47 至图 7-51。

◆病情急剧，突发腹痛，后肢踢腹，呻吟不安。

◆瘤胃蠕动音消失。粪量中等，粪便带血呈暗黑色。

◆皱胃充满气体和液体，右腹膨大或肋弓突起，冲击式触诊可听见振水音。

　◆ 将听诊器放在右肷部，结合在右肷窝至倒数第二肋骨之间用手指叩击，可听到高亢的钢管音。

　◆ 从臌胀部位穿刺皱胃，可抽出大量带血色液体。

　◆ 直肠检查，在右腹部触摸到臌胀而紧张的皱胃。

　◆ 患牛明显脱水，眼球下陷，尿少色黄，酮尿，呈碱中毒、休克等症状。

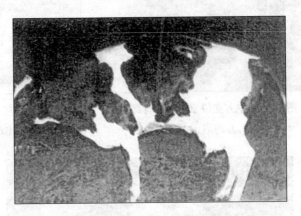

图 7-47　皱胃右方变位的牛腹痛症状

(引自张晋举)

图 7-48　皱胃右方变位，右肷窝膨胀

图 7-49　皱胃右方变位，钢管音听诊
（左手持听诊器集音头，右手弹击周围腹壁）

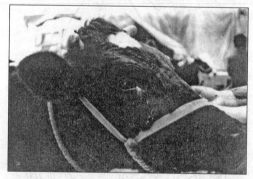

图 7-50　皱胃右方变位牛眼窝深陷，脱水明显

图 7-51　皱胃右方变位后期，病牛卧地不起

3. 诊断

根据病史、临床症状可以进行诊断。

4. 治疗

以皱胃复位为原则。

▶ 滚转整复法

适于单纯性轻度皱胃左方变位。方法是：饥饿数日，并限制饮水，使牛右侧横卧 1 分钟，然后转成仰卧（背部着地，四蹄朝天）1 分钟，随后以背部为轴心，先向左滚转 45°，回到正中，再向右滚转 45°，再回到正中，每次回到正中位置时静止 2~3 分钟，如此来回地向左右两侧摆动若干次，然后突然停止，使病牛仍呈左侧横卧姿势，再转成俯卧式，最后使之站立（图 7-52）。

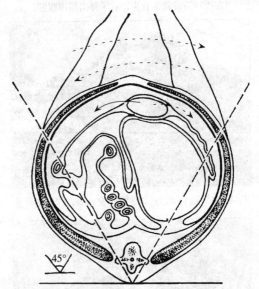

图 7-52　皱胃左方变位滚转整复法

(以牛背为中心，左右摇晃使之复位)

▶ 药物疗法

适于单纯性轻度皱胃左方变位。口服缓泻剂与止酵剂，应用促反刍药物和拟胆碱药物，以促进胃肠蠕动。

▶ 手术整复法

适用于各种变位，且不易复发，是治疗变位的主要方法。积极治疗原发病。

5. 预防

◆ 合理配合日粮，日粮中的谷物饲料、青贮饲料和优质干草的比例应适当。

◆ 及时治疗乳房炎或子宫炎、酮病等疾病。

◆ 增加运动，防止胃肠弛缓。

（十一）胃肠炎

目标 ●掌握胃肠炎临床特征、诊断及防治措施

胃肠炎是指胃肠道表层黏膜及深层组织发生的重剧炎症过程。临床上以体温升高、腹痛、腹泻和脱水为特征。

1. 病因

◆ 饲喂霉败、冰冻饲料或不洁的饮水。

◆ 采食有毒植物，如蓖麻、巴豆等。

◆ 误食酸、碱、砷、汞、铅、磷等有强烈刺激或腐蚀的化学物质。

◆ 畜舍阴暗潮湿、卫生条件差、温度骤变、车船运输、过劳、过度紧张等应激因素可诱发本病。

◆ 滥用抗生素，造成肠道的菌群失调。

◆ 继发性病因见于胃肠卡他、肠梗阻、瘤胃积食、严重的乳房炎、化脓性子宫炎、创伤性网胃－心包炎、酮病、恶性卡他热、犊牛球虫病、传染性病毒性腹泻等。

2. 症状

见图 7-53 至图 7-55。

◆ 突然发生剧烈而持续性腹泻，排出水样粪便。

◆ 食欲不振，精神沉郁，反刍减少或停止，但口渴，频频饮水。

图 7-53　犊牛消化不良，排黄色水样稀粪

图 7-54　病牛长期腹泻，消瘦，
下颌肿大

◆ 瘤胃蠕动减弱或停止，腹痛，摇尾或踢腹，喜卧地。

◆ 肠音初增强，后减弱甚至消失。

◆ 鼻镜干燥，口干或黏滑、口臭，结膜潮红，尿少色浓。

◆ 体温升高至 40～41℃，心跳次数增至 100 次 / 分钟

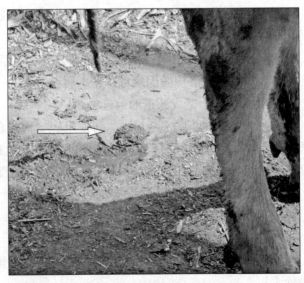

图 7-55　病牛粪便中有血液，恶臭

以上，呼吸次数增至 24 ~ 40 次 / 分钟。

◆ 重症病牛，里急后重或排粪失禁，粪便中混有黏液、血液、假膜和脓样物，有恶臭或腥臭味。

◆ 后期，精神高度沉郁，眼球凹陷，呼吸、心跳微弱，体温下降，耳、鼻、四肢末端冰凉，眼结膜苍白或发绀。行走不稳，肌肉震颤，卧地不起，最后衰竭死亡。

3. 诊断

根据临床上有剧烈腹泻、粪便腥臭且有黏液、血液及脓样物、腹痛和脱水等症状，可确诊。

4. 治疗

以清肠制酵、抗菌消炎、强心补液解毒为原则。

▶ 清肠制酵，保护胃肠黏膜

用硫酸镁 250 ~ 300 克，鱼石脂 15 ~ 20 克，鞣酸蛋白 20 克，碳酸氢钠 40 克，常水 3 000 毫升，一次灌服。或液状石蜡 500 ~ 1000 毫升，鱼石脂 15 ~ 20 克，一次灌服。

▶ 抗菌消炎

用 0.1% ~ 0.2% 高锰酸钾溶液 2 000 ~ 3 000 毫升，一次灌服，每天 1 ~ 2 次，连用 2 天。或磺胺脒 20 ~ 30 克，一次口服，每天 2 ~ 3 次，首次量加倍，连用 3 ~ 5 天。也可用黄连素、痢菌净等。以上口服抗菌药物的方法仅适用于犊牛。

▶ 强心补液解毒

用 5% 葡萄糖生理盐水 2 000 ~ 4 000 毫升，25% 维生素 C 注射液 20 毫升，庆大霉素注射液 100 万单位，10% 氯化钾注射液 100 毫升，50% 葡萄糖注射液 200 毫升，10% 安钠咖注射液 20 ~ 30 毫升，复方氯化钠溶液 3 000 毫升，5% 碳酸氢钠注射液 500 毫升，一次缓慢静脉注射。

▶ 对症治疗

便血病例，用 5% 氯化钙注射液 100 ~ 150 毫升，缓慢静脉注射。粪便臭味不大但仍腹泻不止时，用木炭末 200 克，常水 1 000～2 000 毫升，一次灌服。

中药治疗

◆ 方一：黄连、黄芩、黄檗、郁金、白芍、木香各 30 克，栀子、诃子、茯苓各 25 克，大黄 45 克。水煎取汁，候温，分 2～3 次灌服，每天 1 剂，连用 2～3 剂。

◆ 方二：白头翁 60 克，黄檗、秦皮各 50 克，黄连、茯苓、木香各 30 克，水煎取汁，候温灌服，每天 1 剂，连用 2～3 剂。体弱者可加党参 60 克，出血者加地榆炭 40 克、芥穗炭 30 克。

5. 预防

◆ 加强饲养管理，防止牛采食腐败、发霉的草料和有毒植物，保证饲料和饮水清洁。

◆ 保持圈舍卫生，定期消毒。

◆ 防止各种应激因素的刺激。

◆ 搞好定期预防接种和驱虫工作。

（十二）酮病

目标
● 了解牛酮病的发病原因、症状和诊断要点
● 掌握酮病的预防和治疗措施

酮病是牛的血液中酮体①含量升高引起的代谢病。由于病牛糖代谢和脂肪代谢紊乱，使血液中糖含量减少，而酮体含量异常增多，最终引起的全身功能失调。临床上以低血糖、酮血、酮乳、酮尿②、消化功能障碍和神经功能紊乱为特征。

本病多发生在高产奶牛以及饲养管理水平低劣的牛群，产后 3 周到 2 个月和第 3～6 胎次年龄的牛发病率高，冬季比夏季发病率高。

1. 病因和发病机理

见图 7-56。

①酮体：是脂肪代谢的产物，包括乙酰乙酸、β-羟丁酸及丙酮。正常情况下，血液中就含有少量酮体，对机体是必需的。某些病理状态下血中酮体含量升高时，会对机体产生毒性，从而出现一系列症状，此时就产生酮病。

②酮血、酮乳、酮尿：牛患酮病时，大量酮体难以处理而在体内蓄积，酮体随呼出的气体、分泌的乳汁、排泄的尿液而排出体外，使呼出气体、乳汁、尿液有类似烂苹果味。

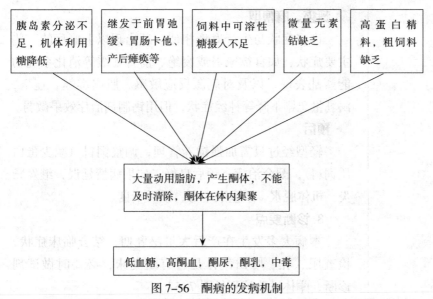

图 7-56　酮病的发病机制

2. 临床症状

轻型经过缺乏明显的临床症状，仅表现为奶产量下降、食欲轻度减少、进行性消瘦，相当消瘦时，产奶量明显下降，病程可持续 1～2 个月。

酮病常表现为消化系统症状、神经症状和瘫痪、麻痹。

➤ 消化系统

体温正常或略低，呼吸浅表（酸中毒），心音亢进，呼出气体和尿液、乳有刺鼻的酮臭味，初期吃些干草或青草，最后拒食，反刍停止，前胃弛缓，初便秘，后多数排出恶臭的稀粪，泌乳急剧下降。

➤ 神经症状

除有不同程度的消化型主要症状外，还有兴奋不安、吼叫、空嚼和频繁地转动舌头，无目的地转圈和异常步态，头顶墙或食槽、柱子，部分牛的视力丧失，感觉过敏，躯体肌肉和眼球震颤等一系列神经症状，有的兴奋和沉郁可交替发作。

▶ 瘫痪、麻痹型

许多症状与生产瘫痪相似，还出现以上酮病的一些主要症状，如食欲减退或废绝、前胃弛缓等消化系统功能紊乱表现，以及对刺激反应敏感、肌肉震颤、痉挛，泌乳量急剧下降等神经症状，但用钙制剂治疗效果微弱。

▶ 预后

轻型经过只需加强饲养管理，调整饲料（减少蛋白质饲料），配合治疗，预后良好；如果病情延误，继发肠炎，机体脱水，严重酸中毒，预后不良。

3. 诊断要点

本病大多发生在产后大量泌乳期，结合临床症状，检查尿、乳、呼出气体是否有酮臭味，必要时做试剂诊断，酮体试验流程见图7-57。

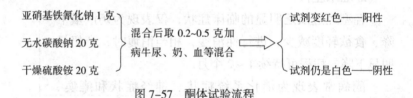

亚硝基铁氰化钠 1 克
无水碳酸钠 20 克
干燥硫酸铵 20 克

混合后取 0.2~0.5 克加病牛尿、奶、血等混合

试剂变红色——阳性
试剂仍是白色——阴性

图 7-57　酮体试验流程

4. 治疗

▶ 提高血糖浓度，缓解酸中毒

50%葡萄糖溶液500毫升，1%地塞米松注射液4毫升，5%碳酸氢钠注射液500毫升，辅酶A 500单位，一次静脉注射，每天1次，连用3天。甘油或丙二醇500克，一次内服，每天2次，连用2天，以后改为半量，再服2天。或用丙酸钠120~200克，内服，连用7~10天。对重症昏迷病牛，同时用胰岛素100~200单位，肌内注射。

▶ 调整胃肠机能

健康牛瘤胃液3~5升，胃管投喂，每天2~3次。或脱脂乳2升，蔗糖500~1 000克，一次内服，每天1

次，连用 3 天。

此外，对兴奋不安的病牛，用水合氯醛 15～30 克，一次内服。

▶ 中药治疗

神曲 100 克，苍术 80 克，党参、当归、赤芍、熟地、砂仁各 60 克，茯苓、木香、白术、甘草各 50 克，川芎 40 克。共为细末，开水冲调，候温灌服，每天 1 剂，连用 3 天。

若粪中带有未消化饲料，重用砂仁 80～100 克，加肉桂 50 克；瘤胃蠕动弛缓者，加厚朴 60 克，枳壳 50 克；病程较长，超过 20 天，耳、鼻、四肢末端冰凉者，重用党参 80～100 克，加黄芪 60 克，黑附片 50 克；有恶露者，加益母草 100 克；有神经症状者，去茯苓，加石菖蒲、酸枣仁、茯神各 40 克，远志 30 克。

5. 预防

怀孕母牛不宜过肥，尤其干奶期多发胎次的牛酌情减少些精料，产前要调整好消化机能，如产前 3～4 周逐渐添加精料，以便使母牛产犊后能很好地适应产奶量加料，但精料中蛋白质不宜过高，一般不得超过 16%。

（十三）母牛卧倒不起综合征

目标
● 了解母牛卧倒不起综合征的发病原因、症状和诊断要点
● 掌握卧倒不起综合征的防治方法

母牛卧倒爬不起来，只能看成是某些疾病的一种临床症状，绝不是一种独立的疾病。通常发生于生产瘫痪之后。伴有其他严重感染和肌肉、骨骼系统疾病，用钙剂疗法无效或效果不明显，临床诊断难以确认，这就是"母牛卧倒不起综合征"。

本病多发于高产奶牛，通常于产犊后 2 ~ 3 天发生。

1. 病因

卧倒不起可由以下多方面原因造成（图 7-58）：

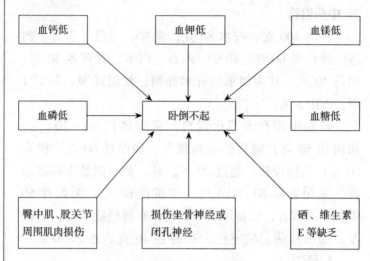

图 7-58 引起母牛卧倒不起的原因

2. 症状

在无并发症时，病牛精神尚好，食欲正常或稍有减少，常不停地反刍。体温正常，排粪排尿正常。病初病牛尝试半蹲状站起。四肢和躯体感觉正常，对刺激有反应。严重者感觉过敏，四肢抽搐，食欲废绝。

在发病 7 天后仍不能站立的牛预后不良，发病 48 ~ 72 小时死亡病例，常有心肌炎。

3. 诊断

根据病史、临床症状及钙治疗无效、血液和生化测定进行综合诊断。并排除由于衰弱、脑病、髋关节脱臼、骨折等因素引起的不能起立。

4. 治疗

当已确诊为各种损伤包括肌肉和韧带损伤时，宜早淘汰，以减少经济损失。对于可望恢复的患牛宜进行血液生化检验之后对症治疗：

◆ 钙制剂：20%硼葡萄糖酸钙 500～800 毫升一次静脉注射，每日 2 次。镁制剂：25%硫酸镁 100～150 毫升一次静脉注射。磷制剂：20%磷酸二氢钠 300 毫升或 15%磷酸钠 200 毫升静脉注射。钾制剂：用含氯化钾 5～10克的溶液缓慢一次静脉注射，并时刻注意心脏状况。

◆ 水针疗法：用泼尼松龙 5 毫升，维生素 B_1 5 毫升，混合，穴位注射[①]，常用穴位有：百会、邪气、仰瓦[②]。

◆ 并发肌肉损伤可采用舒筋活血通络的药进行治疗。预防肌肉萎缩可局部按摩，按摩后涂"复方樟脑搽剂"等皮肤刺激剂。药物治疗的同时必须精心护理，这对患牛恢复极其重要。当出现"卧倒不起"患牛时，先将病牛置于干燥、清洁、松软的土地上，每日翻身数次，防止褥疮发生，当患牛试图站立时要人为辅助其站立。

（十四）有机磷中毒

目标
● 了解有机磷中毒的症状和诊断要点
● 掌握有机磷中毒的治疗方法

1. 病因

一般有机磷中毒的原因是直接皮肤接触、呼吸道吸入及误服、误用喷洒有机磷农药的青草、庄稼或被有机磷农药污染的饮水，极少有恶意投毒。经皮肤吸收，进展缓慢；经口及呼吸道吸入，进展快速。属于有机磷类的常用农药包括甲拌磷(3911)、内吸磷(1059)、对硫磷(1605)、敌敌畏、乐果、敌百虫、马拉硫磷(4049)等。这些农药属于高毒、高残留农药。

发病机制见图 7-59。

①穴位注射：将注射液注射于某些穴位上，是一种中西兽医结合的疗法。

②邪气：坐骨结节和股骨大转子连线与股二头肌沟交点，左右各一穴。仰瓦：邪气穴前下方 12～15 厘米处股二头肌沟中，左右各一穴。

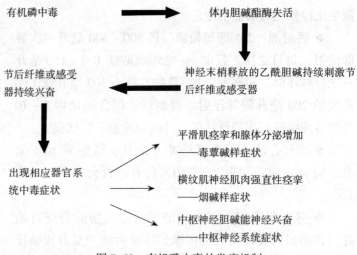

图 7-59　有机磷中毒的发病机制

2. 症状

▶ **毒蕈碱样症状**

临床表现有腹痛、多汗，尚有流泪、流涕、流涎、腹泻、尿频、粪尿失禁、心跳减慢和瞳孔缩小。支气管痉挛和分泌物增加、咳嗽、气急，严重者出现肺水肿。

▶ **烟碱样症状**

乙酰胆碱在横纹肌神经肌肉接头处过度蓄积和刺激，使面、眼睑、舌、四肢和全身横纹肌发生肌纤维颤动，甚至全身肌肉强直性痉挛。呼吸肌麻痹引起周围性呼吸衰竭。交感神经节受乙酰胆碱刺激，其节后交感神经纤维末梢释放儿茶酚胺使血管收缩，引起血压增高、心跳加快和心律失常。

▶ **中枢神经系统症状**

中枢神经系统受乙酰胆碱刺激后共济失调、烦躁不安、抽搐和昏迷。

3. 诊断

根据病史和临床症状做出诊断，病畜的口腔和呼出气体往往有大蒜味。必要时采取对吃剩饲料或胃内容物进行毒物分析。

4.治疗

立即将病牛与毒物脱离开，紧急使用阿托品与解磷定进行综合治疗。

◆ 大剂量使用阿托品(即一般用量的 2 倍)，0.06~0.2 克，皮下注射或静脉注射，每隔 1~2 小时用药1 次，可使症状明显减轻。在此治疗基础上，配合解磷定或氯磷定 5~10 克，配成 2%~5%水溶液静脉注射，每隔4~5 小时用药 1 次。有效反应为：瞳孔放大，流涎减少，口腔干燥，视力恢复，症状显著减轻或消失。另外，双复磷比氯磷定效果更好，剂量为每千克体重 10~20 毫克。解磷定的药理作用模式见图 7-60。

◆ 对严重脱水的病牛，应当静脉补液，对心功能差的病牛，应使用强心药。

◆ 对于经口吃入毒物而致病的牛，可早期洗胃；对因体表接触引起中毒的病牛，可进行体表刷洗。

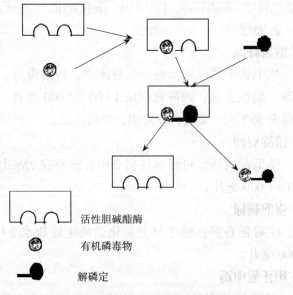

活性胆碱酯酶

有机磷毒物

解磷定

图 7-60　解磷定的药理作用模式

（十五）中暑

目标 ● 了解中暑的临床症状和治疗方法

中暑是日射病和热射病的统称。日射病是由于在炎热季节，牛的头部受到强烈日光的直接照射，引起脑及脑膜充血的急性病变。

热射病是由于在潮湿闷热的环境中，牛的机体散热困难，体内积热，引起中枢神经系统的机能紊乱，导致体温急剧升高的一系列病理现象。病情发展急剧，甚至迅速死亡。

1. 临床症状

常在酷暑盛夏季节突然发病。病牛精神沉郁或兴奋，结膜潮红，水样鼻液，口干舌燥，食欲废绝，饮欲增加，运步缓慢，体躯摇晃，步态不稳；呼吸困难，张口伸舌，呼吸次数每分钟达80次以上，肺泡呼吸音粗粝；全身出汗，体表烫手，体温高达42℃以上；脉搏增数，达100次/分钟；后期高热昏迷，肌肉震颤，口吐白沫，黏膜发绀，痉挛死亡。

2. 治疗

▶ **解暑降温**

病牛置于通风阴凉处，头放冰袋，冷水泼身，凉水灌肠，勤饮凉水。颈静脉泻血1 000～2 000毫升。当体温降至39℃时，即可停止降温，以防虚脱。

▶ **镇静安神**

降低颅内压，可静脉注射20%甘露醇或25%山梨醇500～1 000毫升。

▶ **强心利尿**

注射强心剂；输注复方氯化钠或生理盐水2 000～3 000毫升。

▶ **纠正酸中毒**

可静脉注射5%碳酸氢钠液500～1 000毫升。

八、牛常见外科病的防治

　　牛的外科病主要有创伤、脓肿、疝、风湿病、腐蹄病等。这些疾病可以导致牛的生产力、泌乳性能等明显降低,严重的外科病也可导致牛死亡。引起外科病的原因有:

◆ 机械性损伤,如创伤等;

◆ 病原微生物感染,如脓肿形成、腐蹄病等;

◆ 环境因素,如寒冷潮湿诱发的风湿病等;

◆ 其他因素,如脐疝的发生与遗传有关。

(一) 创伤

目标
　　● 了解创伤的病因和临床症状
　　● 掌握各种创伤的治疗方法

　　创伤是指各种机械性外力作用于机体所引起的形成伤口的损伤。临床上以出血、创口裂开、疼痛及机能障碍为特征。创伤各部分名称见图8-1。

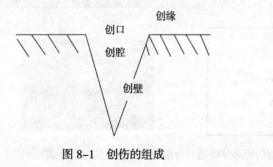

图8-1　创伤的组成

养殖实践中，牛发生创伤的原因非常复杂，不同的病因导致的症状也千差万别。为了提高创伤的治愈率，必须了解创伤发生的具体病因。

1. 病因

见图8-2。

◆ 刺创：由针、钉子、铁丝等较小的尖锐物刺入组织而引起；

◆ 切创：由刀、锋利铁片、玻璃片等切割引起；

◆ 挫创：由打击、冲撞、车压等钝性外力的作用或牛只跌倒在硬地上所致；

◆ 撕裂创：由钩、钉等钝性牵引作用使组织发生机械性牵张而断裂的损伤；

◆ 压创：牛体的某部位受压力打击后造成软组织挫碎、骨折或内脏破裂与脱出者；

◆ 毒创：被毒蛇、毒蜂刺蜇等所致的组织创伤。

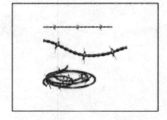

图8-2　引发创伤的部分病因（分别为蛇、蜂、铁丝、玻璃）

2. 症状

创伤按伤后经过的时间可分为新鲜创和陈旧创，按有无感染可分为无菌创、污染创和化脓创，久治不愈可形成肉芽创。

> **新鲜创**

创口裂开，出血，疼痛，机能障碍。从创伤发生到就诊时间一般不超过 24 小时。

> **化脓创**

组织器官损伤严重，创内挫灭组织和血凝块较多，创缘、创面肿胀、疼痛，创围皮肤增温、肿胀。创内流出脓性分泌物，脓汁的颜色和气味因感染细菌种类不同而不同（表 8-1、图 8-3）。

表 8-1　根据脓汁性状判断细菌种类

化脓菌	葡萄球菌	链球菌	绿脓杆菌	大肠杆菌
脓汁性状	黏稠、黄白色或微黄色，且无不良气味	淡红色液状	浓稠的黄绿色或灰绿色，且有生姜气味	淡褐色黏稠样，且有粪臭味

图 8-3　化脓疮的创口

> **肉芽创**

创内出现红色、平整颗粒状的新生肉芽组织，较坚实，肉芽组织表面附有少量黏稠的灰白色脓性分泌物。创缘周围生长有灰白色的新生上皮。若肉芽组织不被上皮组织覆盖则老化，形成疤痕。当机械、物理、化学因素经常刺激或创伤发生于四肢的下部背面、关节部背面时，易形成赘生肉芽组织，高出于周围皮肤表面，易出血，久治不愈。

3. 诊断

做好创伤检查，了解创伤性质，对采取正确的治疗措施和判断预后有着非常重要的意义。创伤检查主要有一般检查、局部检查和辅助检查三个方面的内容。创伤检查程序及内容见图 8-4、表 8-2。

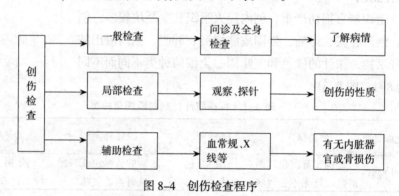

图 8-4　创伤检查程序

表 8-2　创伤检查的内容

检查项目	一般检查	局部检查	辅助检查
检查内容	创伤发生的原因和时间，致伤物的性状，精神状态和创伤的部位；测定体温、脉搏及呼吸次数，观察可视黏膜的颜色等	伤口的大小、形状、方向，创口裂开的程度，创缘、创壁、创底的情况，创内有无异物，创伤组织挫灭及出血和污染的程度等	用血常规、创伤脓汁、创伤细胞压片、X 线检查等，探明创伤部有无内脏器官或骨的损伤

4. 治疗

见图 8-5 至图 8-9。

▶ 全身治疗

若患牛精神沉郁，体温升高，食欲减退或废绝时，要进行全身治疗。取 10% 葡萄糖溶液 500～1 000 毫升，

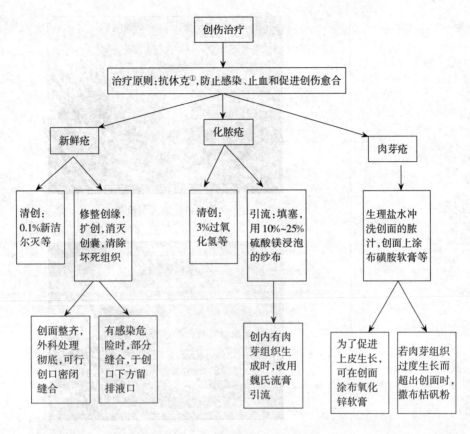

图 8-5　创伤的治疗流程图

图 8-6　过氧化氢冲洗化脓的创腔

①休克：由于剧烈疼痛、失血、感染或过敏等原因导致的危急状况，主要表现为心、肾、脑等主要脏器灌流不足和血压下降。

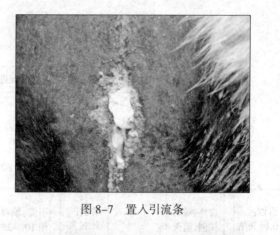

图 8-7　置入引流条

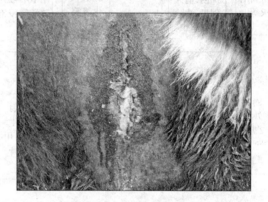

图 8-8　创缘处涂碘酊

图 8-9　恢复的创面

5%氯化钙溶液 100~200 毫升，5%碳酸氢钠溶液 500~1 000 毫升，复方氯化钠溶液 500~1 000 毫升，40%乌洛托品溶液 50 毫升，10%安钠咖溶液 10~20 毫升，一次静脉注射，每天 1 次，连用 2~3 天。

▶ 中药治疗

轻粉、乳香、没药各 25 克，儿茶、龙骨、硇砂各 15 克。共为细末，创口撒布。用于不能缝合的新鲜创、化脓创。

5. 预防

加强饲养管理，注意圈舍的清洁卫生，及时清除牛舍、运动场及饲料中的各种尖锐异物，犊牛去角。在牛只发生创伤时，应及时处理，以免继发感染和引起重剧的全身反应。

（二）脓肿

目标
- 了解脓肿的病因和临床症状
- 掌握脓肿的治疗方法

脓肿是指在任何组织（如肌肉、皮下等）或器官（如关节、鼻窦、乳房等）内形成外有脓肿膜包裹，内有脓汁潴留的局限性脓腔。如果在解剖腔内（胸膜腔、喉囊、关节腔、鼻窦、子宫）有脓汁潴留时则称为蓄脓。

1. 病因

▶ 脓肿的致病菌

主要是金黄色葡萄球菌，其次是化脓性链球菌、大肠杆菌、绿脓杆菌和化脓棒状杆菌，有时可见结核杆菌、放线菌等。

▶ 刺激性强的化学药品

如氯化钙、高渗盐水、水合氯醛等被误注或注射时漏入皮下、肌肉导致脓肿。

▶ 肌内注射

消毒不严导致注射部位发生脓肿。

▶ 转移性脓肿

由原发病的细菌（图 8-10）经血液或淋巴循环转移至新的组织或器官内形成。

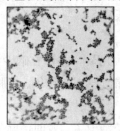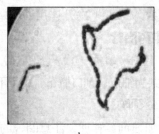

a   b

图 8-10　引发脓肿的致病菌

（a.金黄色葡萄球菌　b.链球菌）

2. 症状

见图 8-11、图 8-12。

▶ 浅在脓肿

多发于皮下、筋膜下、肌腱间或表层肌肉组织中。

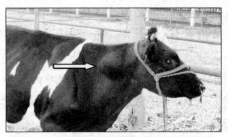

图 8-11　肌内注射消毒不严引起的脓肿

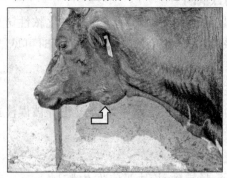

图 8-12　由放线菌引发的颌下脓肿

浅在急性脓肿初期，肿胀无明显界限，以后逐渐局限化，触之局部坚实，热、痛明显。脓肿成熟后，中心逐渐软化并出现波动，皮肤变薄，被毛脱落，自溃排脓；浅在慢性脓肿，一般发生缓慢，有明显的肿胀和波动感，但热、痛反应轻微。

> **深在脓肿**

发生于深层肌肉、肌间、骨膜下及内脏器官。深在急性脓肿，因其部位深，局部肿胀症状不明显，但常可以见到局部皮肤及皮下组织的炎性水肿，触诊疼痛，常留有指压痕，但波动不明显，全身症状明显；深在慢性脓肿，缺乏急性症状，脓肿腔内已有新生肉芽组织形成，但腔内积有脓汁，有时可形成瘘管[①]。

①瘘管：经久不愈合的病理性排脓管道。

3. 诊断

浅在性脓肿一般容易诊断，对深在性脓肿，可进行穿刺诊断。临床上应与血肿、淋巴外渗、疝及某些挫伤等相鉴别。

4. 治疗

脓肿的治疗流程见图 8-13。

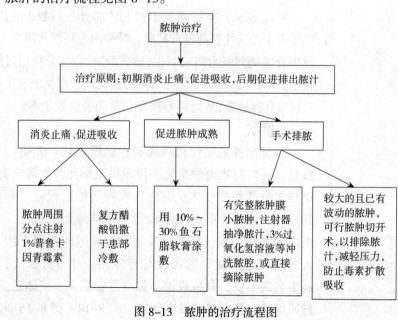

图 8-13　脓肿的治疗流程图

若出现全身症状时，及时采用抗菌消炎、强心补液等对症疗法。

> **中药治疗**

脓肿初期，用大黄、黄檗、姜黄、白芷、天花粉各30克，天南星、陈皮、苍术、厚朴各25克，甘草15克。共为细末，醋调，涂于患部；脓肿破溃后，用2%～4%黄檗溶液洗涤创口，然后用炉甘石1.5克，滑石30克，龙骨15克，朱砂3克，冰片1克。研极细末，撒于创口。

（三）脐疝

目标
- 了解脐疝的病因和症状
- 掌握脐疝的治疗方法

脐疝是指腹腔内脏从扩大了的脐孔进入皮下而引起的疾病。临床上以脐部出现局限性球形肿胀为特征。

1.病因

脐疝多发于犊牛，可见于初生时，或出生后数天或数周。主要由于先天性脐部发育缺陷，犊牛出生后脐孔闭合不全；母牛分娩期间强力撕咬脐带，造成断脐过短；分娩后过度舔犊牛脐部，导致脐孔不能正常闭合而发病。亦见于犊牛出生后脐带化脓感染，从而影响脐孔正常闭合而发生本病。

2.症状

脐部出现局限性球形隆起，触摸柔软，无痛，多易整复。疝内容物由拳头大小可发展至小儿头大甚至更大。病初多数能在改变体位时疝内容物还纳回腹腔，并可摸到疝轮，听诊可听到肠蠕动音。随结缔组织增生，脐疝因内容物与疝囊或疝孔缘发生粘连或嵌闭，则不能还纳入腹腔，触诊囊壁紧张且富有弹性，并不易触及脐孔。病牛表现不安，食欲废绝。如继发腹膜炎，则体温升高，脉搏增数，严重时可发生休克（图8-14、图8-15）。

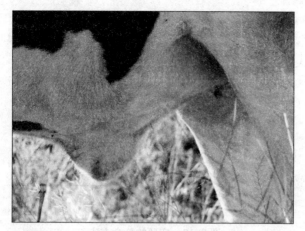

图8-14 犊牛脐疝

3. 诊断

根据临床症状可进行诊断。应注意与脐部脓肿和肿瘤等鉴别，必要时可通过穿刺检查确诊。

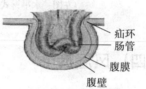

疝环
肠管
腹膜
腹壁

图8-15 脐疝示意图

4. 治疗

本病可根据具体情况采用保守疗法和手术疗法。

▶ **保守疗法**

适用于疝轮较小的犊牛。取95%酒精或10%~15%氯化钠溶液在疝轮周围分点注射，每点3~5毫升。

▶ **手术疗法**

脐疝手术治疗流程见图8-16。若肠管已经发生粘连，需仔细剥离后还纳腹腔。若肠管发生坏死，则需切除坏死肠管做断端吻合术。术后精心护理，不宜喂得过饱，限制剧烈活动，若有体温升高，可用抗生素治疗5~7天。疝环的缝合方法见图8-17。

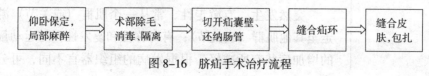

仰卧保定，局部麻醉 → 术部除毛、消毒、隔离 → 切开疝囊壁、还纳肠管 → 缝合疝环 → 缝合皮肤，包扎

图8-16 脐疝手术治疗流程

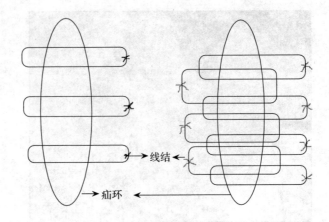

图 8-17　疝环的缝合方法

（左图：水平褥式　右图：重叠褥式）

（四）风湿病

目标　● 了解风湿病的病因和症状

● 掌握风湿病的治疗方法

风湿病是一种反复发作的急性或慢性非化脓性炎症。临床上以反复突然发作，肌肉或关节游走性疼痛、肢体运动障碍等为特征。

1. 病因

本病的病因，目前尚不完全清楚。一般认为风湿病是一种变态反应性疾病，并与溶血性链球菌感染有关。此外，风寒、潮湿、过劳等因素在本病发生上起重要作用。如大汗后受冷雨浇淋、拴系在有穿堂风的过道等易发生风湿病。

2. 症状

突然发生，有游走性，常从一个肌群（或关节）游走至其他肌群（或关节）；有对称性和复发性，随运动量的增加症状有所减轻。根据发病的组织器官不同，可分为肌肉风湿病和关节风湿病。

肌肉风湿病

又称风湿性肌炎，多见于颈部、背部及腰部肌肉群。因患病肌肉疼痛而表现为运动不协调，步态强拘。常发生 1 肢或 2 肢的跛行，随运动量的增加和时间的延长，跛行有减轻或消失的趋势。肌肉风湿常具有游走性，时而一个肌群好转而另一个肌群又发病。触诊患病肌群时发生痉挛性收缩，肌肉凹凸不平，并有硬感、肿胀。急性经过，疼痛明显。多数肌群发生急性肌肉风湿时，可出现精神沉郁、体温升高、食欲减退等全身症状，重者可出现心内膜炎症状，能听到心内性杂音。急性肌肉风湿病一般病程较短，经数日或 1~2 周即好转或痊愈，但易复发。当转为慢性时，病牛全身症状不明显，但肌肉和肌腱的弹性降低，重者肌肉萎缩，易疲劳，运动强拘。

关节风湿病

又称风湿性关节炎，常发生于活动性较大的关节，如肩关节、肘关节、髋关节和膝关节等。急性病例关节囊及周围组织水肿，患病关节外形粗大，触诊温热、疼痛、肿胀。病牛精神沉郁，食欲减退，体温升高。关节活动范围变小，运动时患肢强拘，出现程度不同的跛行，跛行可随运动量增加而减轻或消失。慢性病例关节滑膜及周围组织增生、肥厚，关节肿大，轮廓不清，活动范围变小，运动时关节强拘。被动运动时可听到"哔卟"音。

3. 诊断

本病目前尚缺乏特异性诊断方法，主要根据病史和临床症状加以诊断。必要时可进行水杨酸皮内反应试验加以辅助诊断。用新配制的 0.1%水杨酸钠溶液 10 毫升，分数点注入颈部皮内。注射后 30 分钟和 60 分钟分别检查白细胞总数，其中有一次比注射前的白细胞总数减少 1/5 时，即可判定为风湿病阳性反应。临床上注意与骨软症、肌炎、多发性关节炎、神经炎、颈和腰部损伤以及锥虫病等相鉴别。

4.治疗

本病以消除病因，祛风除湿、消除炎症、解热镇痛为治疗原则。风湿病的治疗流程见图8-18。

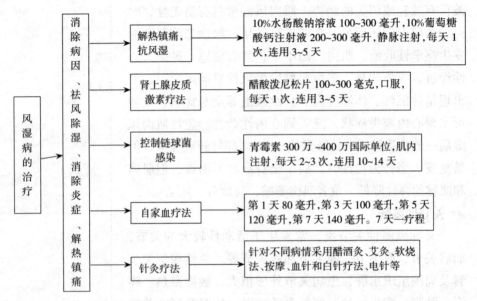

图8-18 风湿病的治疗流程

> **中兽医疗法**

独活30克，桑寄生45克，秦艽、熟地、防风、白芍、当归、茯苓、川芎、党参各15克，杜仲、牛膝、桂心各20克，细辛5克，甘草10克。共为末，开水冲调，候温，加白酒150毫升为引，一次灌服，每天1剂，连用3~5剂。

> **针灸**

水针疗法，用安乃近注射液稀释青霉素0.5克穴位注射；常用穴位①如下：前肢抢风，背腰百会，后肢大胯、小胯等。

5.预防

在风湿病多发的冬春季节，应加强饲养管理和环境

①抢风：位于前肢肩胛骨和肱骨形成的三角形区域正中凹陷内。大胯穴位于大腿骨大转子上方凹陷中。小胯穴位于大转子下方股二头肌中。

卫生，保持圈舍干燥，注意防寒保暖，避免牛只受寒、受潮，运动出汗时不要拴系于房檐下或有过堂风处。对溶血性链球菌引起的上呼吸道疾病，如急性咽炎、喉炎等应予以及时治疗。

（五）蹄叶炎

目标
● 了解蹄叶炎的病因和症状
● 掌握蹄叶炎的治疗方法

蹄叶炎是指蹄真皮的弥漫性、非化脓性的渗出性炎症。临床上以蹄角质软弱、疼痛和有不同程度的跛行等为特征。

1. 病因

日粮不平衡，精料添加过多，牛过度肥胖，影响瘤胃的正常消化功能。或由于饲料突然改变，采食大量碳水化合物饲料，瘤胃内产生大量乳酸，致使瘤胃消化机能紊乱，胃肠异常分解产物的吸收对机体产生不良作用而引发本病；分娩时，母牛后肢水肿，使蹄真皮抵抗力降低，或长途运输、四肢强力负重，致使蹄的局部发生充血或发生炎症。

此外，甲状腺机能减退、应激反应、胎衣不下[①]、乳房炎、子宫炎、妊娠毒血症及酮病等均可继发本病。

> ①胎衣不下是指奶牛胎儿胎盘在产后 12 小时内不能自然完全脱落排出体外。

2. 症状

根据病程可分为急性型和慢性型。

▶ **急性型**

体温升高达 40~41℃，呼吸、脉搏增数，食欲减退，出汗，肌肉震颤，蹄冠部肿胀，蹄壁叩诊疼痛，蹄冠皮肤发红，触诊蹄部有热感。两前蹄发病时，两前肢交叉负重。两后蹄发病时，头低下，两前肢后踏，两后肢稍向前伸，不愿走动。运步时步态强拘，腹壁紧缩。若四蹄发病，则四肢频频交替负重，为避免疼痛经常改变姿势，弓背站立。在硬地或不平地面运步时，常小心翼翼。喜卧地，卧地后四肢伸直成侧卧姿势。吃食时，常用腕关节跪着采食。见图8-19至图8-21。

图8-19　两前肢患蹄叶炎的黄牛　　　　图8-20　患蹄叶炎的奶牛后肢站立姿势异常

图8-21　患蹄叶炎的奶牛（右前肢免负重）

▶ 慢性型

全身症状轻微，患蹄变形，蹄尖变长，向前缘弯曲，上翘，蹄壁伸长，蹄轮廓清楚，系部和球节下沉。全身僵直，拱背，步态强拘，消瘦。由于蹄骨下沉，蹄底角质变薄，甚至出现蹄底穿孔。见图8-22、图8-23。

3. 诊断

根据临床表现结合病因分析可进行诊断，但应与蹄

图 8-22 患蹄叶炎奶牛蹄尖变长，向前缘弯曲

图 8-23 患蹄叶炎奶牛蹄变长，蹄叉分开过度

骨骨折、多发性关节炎、腐蹄病、骨软症、维生素 A 缺乏症、破伤风、乳热、镁缺乏症、创伤性网胃炎的继发症等相区别。

4. 治疗

本病的治疗原则为消除病因，缓解疼痛，促进血液循环，防止蹄骨转位，促进角质新生。治疗流程见图 8-24。

▶ 中药治疗

（1）对急性走伤型①病牛 茵陈蒿、当归各 25 克，没药 20 克，甘草、桔梗、柴胡、红花、青皮、陈皮、紫菀、杏仁、白药子各 15 克。水煎取汁，候温灌服，每天 1 剂，连用 2~3 剂。

（2）对急性料伤型②病牛 红花、厚朴、陈皮、没药、桔梗、神曲各 20 克，山楂、黄药子、白药子、枳

①走伤型是指长期行走后突然拴系，局部气血淤滞而形成的蹄叶炎。

②料伤型是指过食精料，由于瘤胃酸中毒导致的蹄叶炎。

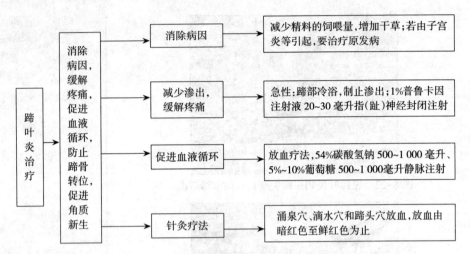

图 8-24　蹄叶炎治疗流程

壳、麦芽各 30 克，甘草 15 克。水煎取汁，候温灌服，每天 1 剂，连用 2~3 剂。

（3）对慢性型病牛　当归、川芎、桃仁、红花、三七、郁金各 25 克，丹皮、赤芍、大黄、生地各 32 克，陈皮、桂枝各 24 克，甘草 20 克。水煎取汁，候温灌服，每天 1 剂，连用 3~5 剂。

5. 预防

加强饲养管理，按母牛营养需要，严格控制精料喂量，保证充足的优质干草饲喂量。分娩前后应避免饲料的急剧变化，产后应逐渐增加精料的饲喂量。让牛自由舔舐人工盐，以增加唾液分泌。定期修蹄，减少和缓解蹄变形，使蹄合理负重。积极治疗原发病，以防止和减少本病发生。

（六）腐蹄病

目标
- 了解腐蹄病的病因和症状
- 掌握腐蹄病的治疗方法

腐蹄病又称指（趾）间蜂窝织炎①，是指（趾）间皮肤及皮下组织的急性和亚急性炎症。临床特征为患部皮肤发生坏死与裂开，并伴有明显的跛行。

1. 病因

本病多由细菌感染引起。指（趾）间被异物挫伤和刺伤，或被粪尿、稀泥浸渍，使指（趾）间皮肤抵抗力下降，坏死杆菌、葡萄球菌、链球菌、化脓棒状杆菌、绿脓杆菌、黑色素杆菌等病原微生物从指（趾）间进入而致感染。

此外，饲养管理不当、运动不足、护蹄不良、不按时清洁蹄底、蹄角质过长、蹄叉过削、蹄踵过高等，均会使蹄叉开张机能减弱，蹄部血液循环不良；日粮不平衡，如饲料中精料过多，而粗料不足，或饲料中钙、磷比例不当等，均可诱发本病。

2. 症状

病初，患牛频频提举病肢，或频繁地用患蹄敲打地面，站立时间缩短，系部和球节屈曲，运步疼痛，跛行明显。局部检查可见指（趾）间皮肤发红、肿胀、有痛感，甚至破溃、化脓、坏死。蹄冠呈红色或暗紫色、肿胀、疼痛。若深部组织肌腱、指（趾）间韧带、冠关节、蹄关

①蜂窝织炎是真皮及皮下组织被细菌感染的一种皮肤疾病，细菌会由感染部位经淋巴系统散布，好发于下肢，常常由肢体末端向躯干散布，局部会有红、肿、热和痛的特征。这类皮肤感染常会侵犯到皮肤皮下脂肪层，因为机体的皮下脂肪层是有如蜂窝状的组织，所以这类炎症称蜂窝织炎。

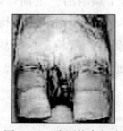

图 8-25　蹄冠蜂窝织炎

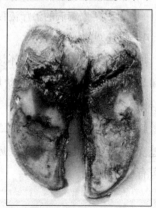

图 8-26　蹄底溃烂

节受到感染时,形成脓肿和瘘管,流出微黄色或灰白色恶臭脓汁。病牛体温升高至 40 ~ 41℃,食欲减退,常卧地不起,消瘦,泌乳量明显下降,重者蹄匣脱落或腐烂变形(图 8-25、图 8-26)。

3.治疗

腐蹄病的治疗流程见图 8-27。

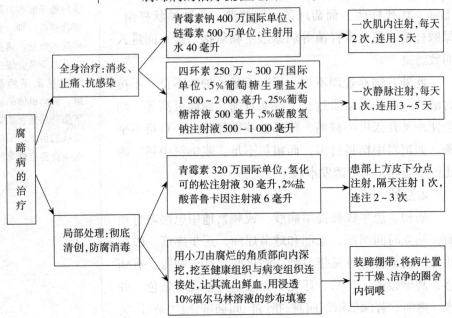

图 8-27　腐蹄病的治疗流程

4.预防

加强饲养管理,搞好环境卫生和消毒,及时清除粪便和异物,保持圈舍和运动场所干燥清洁。定期修蹄,供给全价平衡饲料。经常用 2% ~ 4%硫酸铜溶液进行蹄浴,或在圈舍门口放置 1∶15 的硫黄石灰粉,令牛从中经过。饲料中添加硫酸锌、尿素或二氢碘化乙二胺,对本病有预防作用。

九、牛常见产科病的防治

　　牛的繁殖过程非常复杂，包括从发情、怀孕、分娩直至泌乳的一系列过程。在繁殖过程中的任何一个环节出现异常，都会发生产科病。产科疾病导致牛群繁殖率降低、产奶减少、医药费增加甚至母牛死亡，造成严重的经济损失。在母牛繁殖周期①的各个阶段经常发生的疾病有：

◆ 引起发情异常的疾病有卵巢囊肿、持久黄体等；

◆ 怀孕过程中的疾病有流产、妊娠浮肿等；

◆ 分娩过程中常见难产、子宫脱出等；

◆ 分娩过后常见胎衣不下、子宫内膜炎、乳房炎等。

（一）发情异常

目标
● 了解母牛发情异常的主要表现和病因
● 掌握引起发情异常疾病的诊治方法

　　母牛的正常发情是受孕的基础，所以发情异常直接导致母牛不能怀孕。母牛能否出现正常的发情，主要取决于卵巢功能是否正常。在正常的卵巢上，黄体与卵泡交替发育，母牛周而复始地出现发情，形成发情周期②，见图 9-1。发情异常主要是由卵巢疾病引起的，主要表现为长期不发情或者持续而强烈的发情。引起发情异常的疾病和异常发情之间的对应关系见图 9-2。

①繁殖周期是指成年母牛周而复始地出现发情、怀孕、分娩和泌乳的循环过程。

②发情周期是成年母牛在没有怀孕的情况下，周而复始地出现发情的现象，牛的发情周期平均为 21 天。

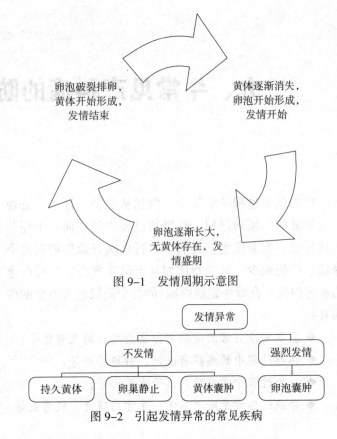

图 9-1　发情周期示意图

图 9-2　引起发情异常的常见疾病

1. 持久黄体

卵泡破裂排卵后无论怀孕与否，都会形成黄体。当配种无效或分娩后，黄体逐渐消失，新的卵泡开始发育，母牛便进入新的发情期。如果母牛没有怀孕而黄体持续存在且保持正常功能者，称持久黄体。持久黄体抑制卵泡发育，所以，母牛不会出现发情。

▶**病因**

◆ 持久黄体常常继发于子宫积脓、子宫积液，胎儿浸溶、胎儿干尸化。

◆ 继发于早期胚胎死亡。

◆ 运动不足、饲料单一、缺乏矿物质及维生素，均可引起黄体滞留。

▶ **诊断程序**

注意：为了和妊娠黄体鉴别，必须仔细触诊子宫。存在持久黄体时，有的子宫可能没有变化，只是松软下垂，但在大多数病例是继发于子宫疾病的，均有明显的病理变化，见图9-3、图9-4。

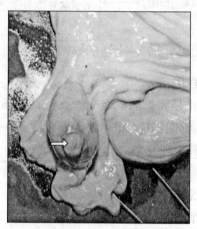

图9-3 卵巢上的持久黄体

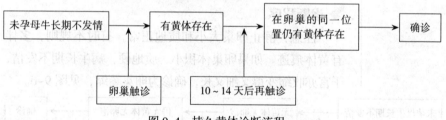

图9-4 持久黄体诊断流程

▶ **治疗**

积极治疗原发病，改善饲养管理。药物治疗以溶解黄体为治疗原则。

可以选用图9-5所示任何一种药物进行治疗。也可选用下列中药治疗：淫羊藿、益母草、阳起石各90克，当归、赤芍、菟丝子、补骨脂、枸杞子、熟地各75克。水煎取汁，一次灌服，每天1剂，连用3剂。

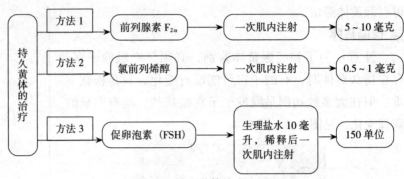

图 9-5　持久黄体治疗流程

2.卵巢静止

卵巢静止是卵巢的机能受到扰乱，直肠检查无卵泡发育，也无黄体存在，卵巢处于静止状态。属于卵巢机能不全的一种表现。

▶ 病因

◆ 体质衰弱，年龄大。

◆ 饲养管理不当常导致卵巢萎缩。

◆ 继发于卵巢炎、卵巢囊肿等。

▶ 诊断程序

注意：静止卵巢大小和质地正常，有时不规则，多伴有黄体痕迹。如果卵巢体积小、质地硬，病牛长期不发情，子宫亦收缩变得又细又长，确诊为卵巢萎缩，见图 9-6。

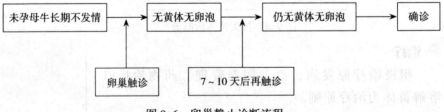

图 9-6　卵巢静止诊断流程

▶ 治疗

◆ 首先改善饲养管理，供给全价日粮，促进母牛体况的恢复。

◆ 通过直肠对卵巢和子宫进行按摩，加速血液循环，促进其功能的恢复。

◆ 用促排卵 2 号 100~400 微克，促卵泡素 100~200 单位肌内注射。

3.卵巢囊肿

卵巢囊肿是指卵巢上有卵泡状结构，其直径超过 2.5 厘米，存在的时间在 10 天以上，同时卵巢上无正常黄体结构的一种病理状态，是引起牛发情异常的重要原因之一。这种疾病一般又分为卵泡囊肿和黄体囊肿两种。

▶ 病因

见图 9-7。

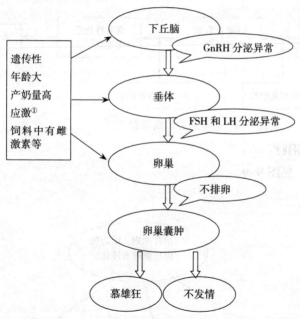

图 9-7 卵巢囊肿的发生示意图

①应激是指动物对外界各种刺激（如光、温度、声音、食物变化、注射疫苗、分娩等）所发生的反应。当这种反应过于激烈，超过了动物体的耐受力时，机体就会发病。

▶ 症状

病牛的症状及行为变化个体间的差异较大，按外部表现基本可以分为两类，即慕雄狂和乏情。

慕雄狂母牛，一般表现为无规律的、长时间或连续性的发情症状，大多数牛常试图爬跨其他母牛并拒绝接受爬跨，常像公牛一样表现出攻击性的性行为，寻找接近发情或正在发情的母牛爬跨。

表现为乏情的牛则长时间不出现发情征兆，有时可长达数月。

直肠检查时发现，囊肿卵巢为圆形、表面光滑；有充满液体、突出于卵巢表面的囊肿样构造。其大小比排卵前的卵泡大，直径通常在2.5厘米左右，直径超过5厘米的囊肿不多见。

▶ 诊断程序

见图9-8。

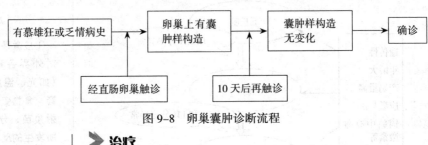

图9-8　卵巢囊肿诊断流程

▶ 治疗

见图9-9。

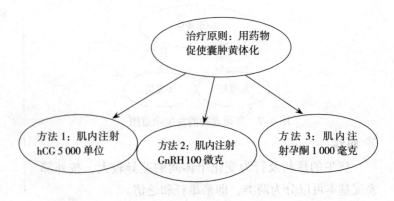

图9-9　卵巢囊肿治疗方法

（二）流产

目标
● 了解流产的病因和临床症状
● 掌握流产的防治方法

流产是由于胎儿或母体的生理功能发生紊乱而引起的妊娠中断。临床上以排出不足月的弱胎、死胎、胎儿被吸收或胎儿腐败分解后从阴道排出腐败液体和分解产物为特征。

① 自发性流产是胎儿及胎盘发生反常或直接受到影响而发生的流产；症状性流产是怀孕动物某些疾病的一种症状。

1. 病因

流产的原因很多，大致可归纳为三类，即普通性流产、传染性流产和寄生虫性流产。每一类流产又可分为自发性流产和症状性流产①，见表9-1。

表 9-1　流产的病因分类

普通性流产	传染性流产	寄生虫性流产
自发性流产：	自发性流产：	自发性流产：
胎膜及胎盘异常：无绒毛、绒毛发育不全、子宫某一部分黏膜发炎变性 胚胎发育停滞：由于卵子和精子有缺陷、卵子衰老、染色体反常而囊胚不能附植	布鲁氏菌病、沙门氏菌病、支原体病、衣原体病、胎体弧菌病、病毒性下痢、结核病等	滴虫病、新孢子虫病等
症状性流产：	症状性流产：	症状性流产：
普通疾病及生殖激素反常：慢性子宫内膜炎、阴道炎、子宫粘连、胎水过多 饲养不当：维生素 A 或维生素 E 不足、矿物质不足、饲喂方法不当、饲料霉败或含毒物 损伤及管理、利用不当：逆境危害、机械性损伤、使役过重 医疗错误：大量放血、大量泻剂、大量催情药	钩端螺旋体病、李氏杆菌病、口蹄疫、传染性鼻气管炎等	牛焦虫病、边虫病等

2. 症状

归纳起来，流产主要表现为 4 类症状，即隐性流产、

①隐性流产：胚胎早期死亡，溶解液化后被母体吸收，外观无表现；早产：临近怀孕末期的流产，胎儿能存活；小产：胎儿在母体内死亡后，立刻被排出体外；延期流产：胎死腹中后，经过一定时间才排出母体外。如果子宫颈口未开放，胎儿不腐败，水分被吸收，所以形成木乃伊，如果子宫颈口开放，细菌侵入子宫，胎儿腐败，有液体和碎片流出阴门，称胎儿浸溶。

早产、小产和延期流产①。具体表现见图9-10。

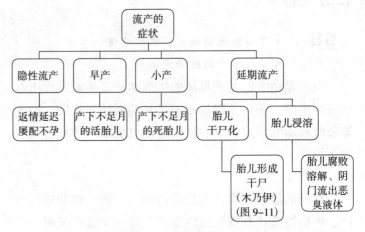

图9-10　流产的症状示意图

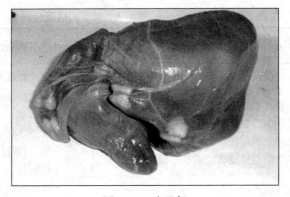

图9-11　木乃伊

3.防治

> **隐性流产**

重点在于预防。措施为加强饲养管理，保证饲料中维生素和矿物质的含量。也可从配种后第3天开始，隔天注射孕酮100毫克至20天左右。

> **早产**

重点是护理新生犊。措施为保温和辅助哺乳。

▶ 小产

重点是防止胎衣不下等疾病。产后注射催产素 100
毫克，随时观察体温、食欲等。

▶ 延期流产

重点是尽快排出胎儿，防止子宫感染。如果子宫颈
口不开，可用 $PGF_{2\alpha}$ 30 毫克给牛肌内或皮下注射引产。
胎儿浸溶时，用 10%盐水冲洗子宫，并注射催产素和雌
激素，以促使子宫收缩和液体排出，最后在子宫内放入
广谱抗生素。必要时进行全身治疗。

（三）胎衣不下

目标
● 了解胎衣不下的病因和临床症状
● 掌握胎衣不下的防治方法

胎衣不下也称胎衣滞留。是指母牛分娩后，经过
8~12 小时仍不排出胎衣，即为胎衣不下。正常情况下，
胎衣排出时间奶牛不超过 3~5 小时。

1. 病因

◆ 产后子宫收缩无力，主要是怀孕期间饲料单纯，
缺乏无机盐和某些维生素；

◆ 产双胎，胎儿过大及胎水过多，使子宫过度扩张；

◆ 胎盘炎症，母子胎盘粘连；

◆ 流产和早产等。

2. 症状

胎衣不下分为部分不下及全部不下两种。胎衣全部
不下，即整个胎衣未排出来，胎儿胎盘的大部分仍与母
体胎盘连接，仅见一部分已分离的胎衣悬吊于阴门之外。

牛脱露出的部分主要为尿膜绒毛膜，呈土红色，表
面上有许多大小不等的胎儿子叶[①]（图 9–12）。在牛，经
过 1~2 天，滞留的胎衣就腐败分解，夏天腐败更快；从

①子叶：牛、
羊、鹿等动物的胎
盘为子叶型胎盘，
此种胎盘由胎儿和
母体子叶结合在一
起形成。

阴道内排出污红色恶臭液体，内含腐败的胎衣碎片，病畜卧下时排出量较多。

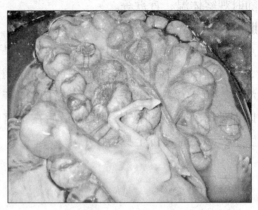

图9-12　胎儿子叶

胎衣部分不下，即胎衣大部分已经排出，只有一部分或个别胎儿胎盘残留在子宫内，从外部不易发现。在牛，诊断的主要根据是恶露排出的时间延长，有臭味，其中含有腐烂胎衣碎片。

3.防治

▶ **药物疗法**

见图9-13。

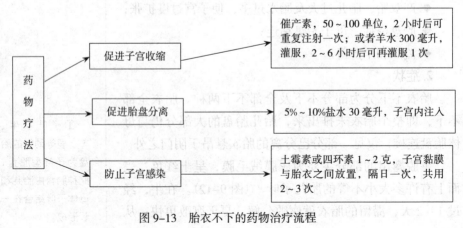

图9-13　胎衣不下的药物治疗流程

▶ 手工剥离

剥离胎衣应注意的原则是：容易剥离就坚持剥，否则不可强行剥离，以免损伤子宫，引起感染；而且胎衣不能完全剥净时，其后果与不剥离无异。操作程序见图9-14。

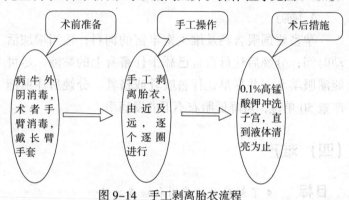

图9-14　手工剥离胎衣流程

▶ 胎衣不下剥离术

手工剥离胎衣方法见图9-15。

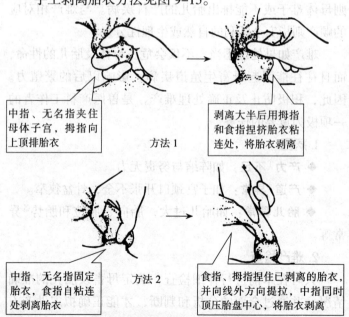

图9-15　手工剥离胎衣示意图

➤ 中兽医疗法

当归 100 克、川芎 60 克、桃仁 40 克、甘草 60 克、炮姜 60 克、党参 100 克、黄芪 100 克、草红花 30 克。水煎，候温灌服，每日一次，连用 3 次。

4. 预防

孕畜要饲喂含钙及维生素丰富的饲料；适当增加活动时间；分娩后让母畜自己舔干仔畜身上的黏液，尽可能灌服羊水，并尽早让仔畜吮乳或挤乳。分娩后注射催产素 50 单位，可降低胎衣不下的发病率。

（四）难产

目标
- 了解难产的病因和检查方法
- 掌握难产的助产方法

难产是指分娩时间明显延长，如不进行人工助产，则母体难于或不能排出胎儿的产科疾病。与难产相对应的顺产则指安全顺利的自然或生理性分娩。

难产如果处理不当，不仅会危及母体及胎儿的性命，而且往往能引起母畜生殖道疾病，影响以后的繁殖力。因此，积极防止及正确处理难产，是兽医产科工作者的一项极为重要的任务。

1. 病因

◆ **产力①不足**：如阵缩与努责无力。

◆ **产道②异常**：如子宫颈口开张不全，骨盆狭窄。

◆ **胎儿异常**：如胎儿过大，胎向、胎位和胎势③异常等。

2. 难产检查

只有在术前进行详细检查，确定母畜及胎儿的准确情况，并通过全面的分析和判断，才能正确拟定助产方案，找到合适的助产方法（图 9-16）。

①产力：是促使胎儿娩出母体的动力，由子宫肌肉的收缩（阵缩）和腹壁肌肉的收缩（努责）两方面构成。

②产道：是胎儿娩出体外的通道，由子宫颈、阴道、前庭等软产道和骨盆（硬产道）构成。

③胎向：指胎儿身体的长轴和母体长轴的相对关系；胎位：指胎儿身体的背部和母体背部的相对位置关系；胎势：指胎儿的姿势。

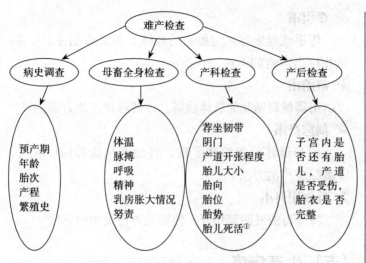

图 9-16　难产检查的内容示意图

①胎儿死活：可以通过以下几个指标进行判断：用手指掐舌头，看有否收缩；摸颈动脉看有否搏动；摸脐带看有否搏动；触摸胸壁看心脏有否跳动；触摸肛门看有否收缩。

3.助产方法

难产助产的方法见图 9-17。

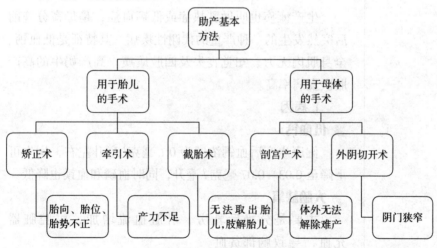

图 9-17　难产助产的方法示意图

> **矫正术**

用推、拉、翻转等手法使胎儿的异常胎向、胎位、胎势等恢复正常。

▶ 牵引术

用手或绳索等固定胎儿的肢体，借助牵引手法，将胎儿拉出产道的方法。

▶ 截胎术

用器械将胎儿的肢体肢解，以解除难产的方法。

▶ 剖宫产术

切开母体的腹腔和子宫，将胎儿从腹部切口取出，以解除难产的方法。

▶ 外阴切开术

将母畜的外阴部切开，使胎儿方便娩出的方法。

（五）生产瘫痪

目标
● 了解生产瘫痪的病因和症状
● 掌握生产瘫痪的治疗方法

生产瘫痪也叫做乳热症或低钙血症，是母畜分娩前后突然发生的一种严重的代谢性疾病。其特征是低血钙、全身肌肉无力、知觉丧失及四肢瘫痪。高产奶牛的高产胎次发病率高。

1. 病因

▶ 低血钙

健康牛产后血钙浓度为 0.1 毫克/毫升左右，病牛可下降至 0.03～0.07 毫克/毫升，同时血磷和血镁也降低。

▶ 大脑缺氧

主要是分娩后乳房、肝脏血流增加，腹腔脏器充血，导致脑部贫血。

2. 症状

▶ 典型症状

出现特殊的姿势，体温可降低至 35～36℃，最后在昏迷中死亡（图 9-18）。

图9-18　生产瘫痪典型症状

> **非典型症状**

　　表现为卧地瘫痪，头颈姿势异常，体温一般不降低，不昏迷（图9-19）。

图9-19　生产瘫痪非典型症状

3. 治疗

生产瘫痪的治疗方法见图 9–20。

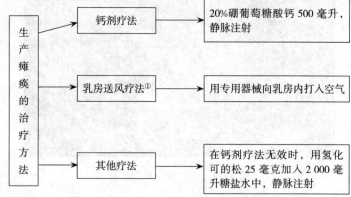

图 9–20　生产瘫痪的治疗方法示意图

①乳房送风：是用乳房送风器将消毒的空气打入到乳房内的治疗方法。乳房打满空气后，压力升高，血流减少，血钙消耗减少，脑部血流增加，所以可解除脑缺血状态。

4. 预防

◆ 产前 2 周开始，给低钙日粮，日摄入钙不超过 60 克，产后增加至 125 克以上。

◆ 产前 7 天，一次肌内注射维生素 D_2 1 000 万国际单位。

◆ 产后立即注射葡萄糖酸钙。

◆ 产后 3 天内不将初乳挤净。

（六）子宫脱出

目标
　● 了解子宫脱出的病因和症状
　● 掌握子宫脱出的整复方法

子宫全部翻出于阴门之外，称子宫脱出。子宫脱出多见于产程的第三期，有时则在产后数小时之内发生。

1. 病因

◆ 产后强烈努责；

◆ 外力牵引；

◆ 子宫弛缓。

2. 症状

牛脱出的子宫较大，有时还附有尚未脱离的胎衣。如胎衣已脱离，则可看到黏膜表面上有许多暗红色的子叶(母体胎盘)，并极易出血。脱出的孕角旁侧有空角的开口。有时脱出的子宫角分为大小不同的两个部分，大的为孕角，小的为空角，每一角的末端都向内凹陷（图9-21）。

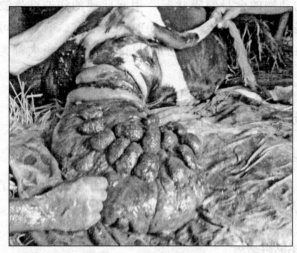

图9-21　奶牛子宫脱出

3. 整复

▶ 整复程序

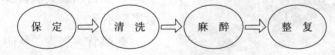

保 定 ⟹ 清 洗 ⟹ 麻 醉 ⟹ 整 复

▶ 整复方法

整复时应先从靠近阴门的部分开始。操作方法是将手指并拢，用手掌或者用拳头压迫靠近阴门的子宫壁(切忌用手抓子宫壁)，将它向阴道内推送。推进去一部分以后，由助手在阴门外紧紧顶压固定，术者将手抽出来，再以同样的方法将剩余部分逐步向阴门内推送，直至脱出的子宫全部送入阴道内。

（七）子宫内膜炎

目标
- 了解子宫内膜炎的主要表现和病因
- 掌握子宫内膜炎的诊治方法

子宫内膜炎是导致不孕的主要原因之一，但很少影响动物的全身健康状况。引起此病的病原微生物一般是在人工输精或产道入手时到达子宫，有时也可通过血液循环而导致感染。常见的子宫内膜炎大都为慢性。

1. 病因

分娩异常

如流产、难产、胎衣不下等。

产道入手

产科检查、助产或剥离胎衣时术者的手臂消毒不严。

人工输精

精液中带有病原菌。

内源性感染

母体其他部位的病原菌随着血流侵入子宫引起感染。

2. 症状

图 9-22　奶牛子宫内膜炎从阴门流出污秽液体

- 子宫内膜炎病畜多数屡配不孕。

- 拱背、努责，从阴门中排出黏液性或黏脓性分泌物，卧下时排出量较多，见图 9-22。

- 体温升高，精神沉郁，食欲及产奶量降低。

3. 治疗

子宫内膜炎治疗的总原则是抗菌消炎，促进炎性产物的排除和子宫机能的恢复。

▶ 子宫冲洗疗法

用大量（3 000 ~ 5 000 毫升）1%的盐水冲洗子宫，冲洗后用虹吸法导出液体。反复冲洗几次，直到导出的液体清亮为止。

▶ 子宫内用药

宜选用抗菌范围广的药物，如四环素、庆大霉素、卡那霉素、红霉素、金霉素等。可直接将抗菌药物 1~2 克投入子宫，或用少量生理盐水溶解，做成溶液或混悬液用导管注入子宫，每日 2 次。

▶ 激素疗法

在患慢性子宫内膜炎时，使用 $PGF_{2\alpha}$ 及其类似物，可促进炎症产物的排出和子宫功能的恢复。

（八）乳房炎

目标
- 了解乳房炎的主要表现和病因
- 掌握乳房炎的防治方法

乳房炎是由各种病因引起的乳房炎症，其主要特点是乳汁发生理化性质及细菌学变化，乳腺组织发生病理学变化。

乳房炎造成的经济损失，主要有奶产量的损失、乳汁的丢弃、药费的开支、兽医费用和劳动力费用等。乳房炎发病率居高不下，损失巨大。

1. 病因

饲养管理不良或产后抵抗力下降时，病原微生物通过乳头管、血液和淋巴液侵入乳腺组织而引起。常见的感染途径见图 9-23。

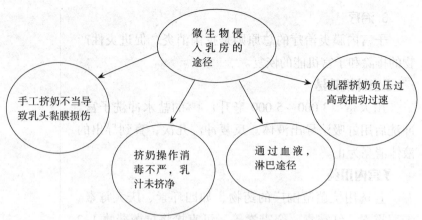

图 9-23　乳房炎常见的感染途径

能引起乳房炎的微生物有：细菌、真菌、支原体和病毒等，其中主要是细菌。

2. 症状

各类乳房炎的症状见表 9-2、图 9-24。

表 9-2　各类乳房炎的症状

隐性乳房炎	临床型乳房炎	慢性乳房炎
乳房和乳汁均无肉眼可见的变化，但乳汁电导率、体细胞数、pH 等理化性质已发生变化	乳房表现红肿、发热、疼痛；产乳减少，乳汁变稀或带有絮状物、血、脓等；严重的可有全身表现，如发热、沉郁、食欲下降或废绝等	临床症状不明显，全身情况也无异常，但奶产量下降；它可发展成临床型乳房炎，有反复发作的病史，也可导致乳腺组织纤维化，乳房萎缩

图 9-24　乳房炎

（左图：乳房红肿　右图：乳汁有絮状物）

3. 诊断

临床型乳房炎根据临床症状容易诊断，但隐性乳房炎一般临床症状不明显，故应注重母牛群的整体监测。常用诊断方法有以下几种，临床上可根据具体情况选用。

▶ 乳汁 pH 测定

见图 9-25。

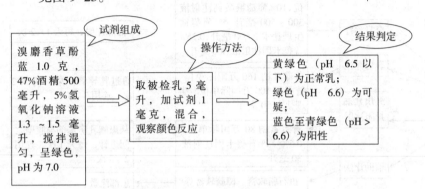

图 9-25　乳汁 pH 测定方法

▶ 加州乳房炎试验（CMT）法

试剂为氢氧化钠 15 克、烷基硫酸钠（钾）30~50克、溴甲酚紫 0.1 克、蒸馏水 1 000 毫升，混合。取被检乳汁 2 毫升，加入 2 毫升试剂摇匀，10 秒钟后观察，按表 9-3 标准判定结果。

表 9-3　加州乳房炎测试结果判定标准

乳 汁 凝 集 反 应	判定标准
无变化，不出现凝块	阴性（－）
微量沉淀，摇动即消失	可疑（±）
有明显沉淀但无凝胶状	弱阳性（＋）
全部呈凝胶状，回转摇动时凝块向中央集中，停止摇动时凝块呈凹凸状附于盘底	阳性（＋＋）
全部呈凝胶状，回转摇动时凝块向中央集中，停止摇动时仍保持原状，并固着于盘底	强阳性（＋＋＋）

4. 治疗

▶ 临床型乳房炎的治疗

见图 9-26。

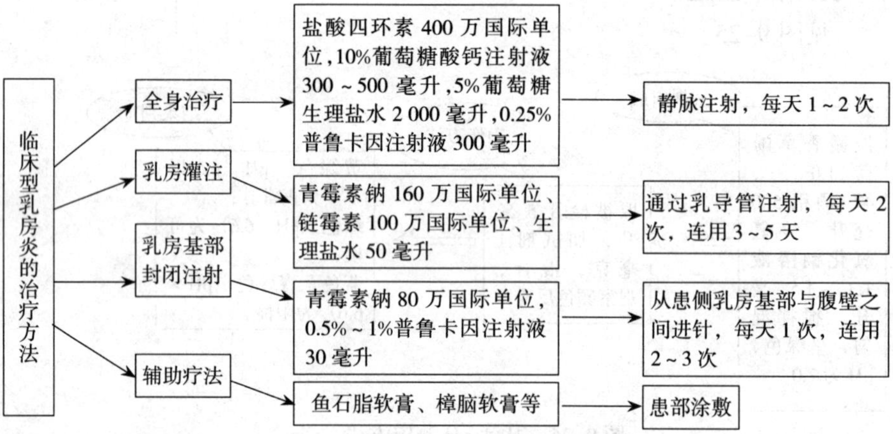

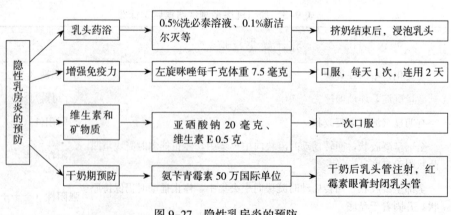

图 9-26　临床型乳房炎的治疗方法

▶ 隐性乳房炎的预防

见图 9-27。

图 9-27　隐性乳房炎的预防

中兽医疗法

各型乳房炎的中兽药方剂和用法见表9-4。

表 9-4 各型乳房炎的中兽药方剂和用法

病证	乳房炎初起，红肿热痛	急性乳房炎	化脓性乳房炎	隐性乳房炎
方剂	蒲公英80克，连翘60克，金银花、丝瓜络各30克，银花藤100克，木芙蓉40克	栝楼60克，牛蒡子、天花粉、连翘、蒲公英各30克，黄芩、陈皮、栀子、皂角刺、柴胡各25克，甘草、陈皮各20克	黄芪60克，川芎、皂角刺各30克，当归45克	金银花、玄参各30克，当归、川芎、柴胡、栝楼、连翘各25克，蒲公英50克，甘草30克
用法	水煎取汁灌服，每天1剂，连用3～4剂	共研细末，开水冲调，候温灌服，每天1剂，连用3～4剂	共研细末，开水冲调，候温，加白酒100毫升，灌服，每天1剂，连用3～4剂	共研细末，开水冲调，候温灌服，每天1剂，连用3～4剂

针灸

急性乳房炎可针滴明穴①。

①滴明穴：在腹侧壁乳静脉上，小宽针刺破出血。

参 考 文 献

齐长明，2004.牛病彩色图谱［M］.北京：中国农业大学出版社.

王春璈，2007.奶牛临床疾病学［M］.北京：中国科学技术出版社.

肖定汉，2002.奶牛病学［M］.北京：中国农业大学出版社.

宣长和，2006.动物疾病诊断与防治彩色图谱［M］.北京：中国科学技术出版社.

张晋举，2000.奶牛疾病图谱［M］.哈尔滨：黑龙江科学技术出版社.